品宅

北京建院（BIAD）刘晓钟工作室

作品与创作理念

刘晓钟 主编

北京市建筑设计研究院有限公司
刘晓钟工作室学术丛书

天津大学出版社
TIANJIN UNIVERSITY PRESS

谨以此书献给

在刘晓钟工作室并肩奋进、创建卓越的建筑师们

序壹

徐全胜

　　刘晓钟总建筑师在北京市建筑设计研究院有限公司（以下简称"北京建院"）工作 38 年来，秉承着对专业的热爱，一直坚持在住区规划和居住建筑设计领域深耕细作。作为北京建院著名的中青年建筑专家，他是第一批院总建筑师之一。根据北京建院总体发展的需要，刘晓钟总建筑师在兼任第六设计所所长、第六建筑设计院院长、刘晓钟工作室主任期间，带领团队开拓创新、砥砺前行，为北京建院创造的社会效益、经济效益均名列前茅。

　　刘晓钟工作室是北京建院最早成立的名人工作室之一，在发展过程中，虽然经历了房地产市场从快速增长到高品质理性回归的不同阶段，却始终专注于以人为本的设计原则和高质量的建筑创作理念，所做工程多次获得国家级、省部级优秀工程设计奖项。得益于业界诸多大师的悉心栽培，刘晓钟总建筑师、刘晓钟工作室作为住宅设计领域的先锋，享誉全国，极具品牌效应和行业影响力。在锻炼队伍的同时，刘晓钟工作室也注重多元化创新发展，在文教建筑、城市综合体、养老和既有建筑改造等方面都有所建树，培养了一批人才，为北京建院专项领域的发展作出了重要的贡献。

　　十余年来，刘晓钟工作室经历了从六所所内工作室、独立营销工作室、六院院内工作室到创作中心总师工作室等几个主要阶段，无论在哪个发展阶段，北京建院的领导班子对其都给予了大力的支持和鼓励。工作室在团队建设方面，坚持人性化管理，默默耕耘，力争尽善尽美，让住区更加安全、宜人、绿色且体现人文关怀，在城市更新中关注"一老一小"的需求，体现出建筑师的社会责任感，形成了具有文化底蕴的管理特色。

　　希望刘晓钟工作室在未来的发展中，承前启后，向着新时代高远发展的目标，继续不懈地努力，朝着北京建院创建国际一流的建筑设计科创企业的方向迈进，为我国城市发展和实现百姓对美好生活的追求贡献力量。

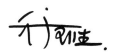

北京市建筑设计研究院有限公司党委书记、董事长、总建筑师

序贰　住宅设计与《品宅》

马国馨

《品宅——北京建院（BIAD）刘晓钟工作室作品与创作理念》（以下简称《品宅》）即将付梓。这是对北京市建筑设计研究院有限公司总建筑师刘晓钟和他的创作集体多年来创作成果的集中展示。晓钟1984年来到北京建院，已经在这里辛勤工作和服务了近40年，他已经过了一个甲子的人生岁月，在北京建院从一个充满活力的青年成为当下成熟的学术带头人，仍然生机勃勃。记得他来院后曾于1988—1989年在厦门分院工作，之后在第八设计室（后为第六设计所）工作，曾于1991—1993年在加拿大多伦多从事设计工作，2003年在杜克大学参加MBA培训，并于同年成立了刘晓钟工作室。2006年后他任院总建筑师，2007年任第六设计所所长。后工作室和六所合并，共同经营，既合作又各自独立地完成设计项目。2013年六所改为第六建筑设计院，晓钟任院长。

晓钟和我在1993年初次合作。那时山东青岛市委党校领导为党校新建任务来我院，当时院里十分重视，由党委书记王玉玺带队、白俊琪、晓钟、王兵和我等一行人去青岛现场考察。2月15日一行人乘飞机抵青时已是傍晚，业主安排我们住进了青岛著名的总督府。第二天我们先去现场看地，然后回来参观总督府。接待方介绍，这栋建筑建于1907年，是当年德国总督的官邸，故一直称为总督府。建筑位于背山面海风景十分优美并且位置十分重要的地段，四层建筑具有典型的德国风格，内外装饰和用材都十分考究。新中国成立以后，这里就成为青岛市规格最高的迎宾馆，我国党政领导人及西哈努克亲王等外宾都曾在这儿下榻。记得当时王书记还特别追问接待方，他住的那个房间谁曾经住过，对方的回答让我们哄堂大笑。这个情节给我印象太深了，所以特地写了出来，但是扯得也有点远了。青岛市委党校的工程最后是晓钟完成的。

还是回过头来说晓钟的《品宅》一书，在粗读样书以后，我想起了许多事情。

一、《品宅》赓续了北京建院一直以来在住宅设计上坚持为社会服务的优良传统

在70多年的发展历史中，北京建院不仅有以体现"国庆十大建筑""亚运""奥运"及国家重大事件的一系列公共建筑为世人所熟知，同时在住宅建筑的设计上，北京建院也几乎是我们国家居住建筑发展变化进程的见证者和创造者，尤其在首都的住宅建设上作出了重要的功绩，留下了不可磨灭的作品和历史记忆。

在新中国成立后的几十年当中，北京在三年经济恢复时期建设了大量4层以下的邻里住宅和苏式大单元住宅。1955年，在苏联专家指导下，北京建院设计了我国第一套住宅通用图——二型住宅，并专门成立了标准设计室。此后随国家经济政策的变化，先后在1958年设计过"窄、小、低、薄"的36~41 m^2/户的小面积住宅。1959年北京建院设计的68 m^2/户、五开间三户的9014住宅作为代表住宅曾应用了很长时间。此后随着"人民公社化"和"学大庆"，北京建院设计过"公社大楼"和"低标准住宅""干打垒住宅"，从61住1、住2到71住3等，标准还是很低的，直到74住1，六层住宅每户50.8 m^2，当时很受欢迎。1976年起，为解决北京的住宅问题，我院各室组成的前三门设计组在由崇文门到西便门5 km长的道路南侧，修建了9~16层的高层住宅，板式住宅每户面积为56 m^2，塔式住宅每户面积为58 m^2，总建筑面积为58.36万 m^2，住宅面积39.68万 m^2，可居住7165户。住宅的结构形式也从早期的砖混结构、预制混凝土楼板发展为振动砖壁板、混凝土墙板、抗震组合柱，以及前三门的滑模、预制外墙板等。1949—1978年的30年间，北京建院设计的住宅总量为1 610万 m^2，占同期北京新建住宅面积2 953万 m^2的54.5%，达到一半以上。北京建院所设计的住宅总量超过了北京刚解放时全城住宅的1 360万 m^2。

但"温饱型"的住宅随着改革开放的进程也要有所改变。1978年

10月，我国领导人指出，今后住宅设计要力求布局合理，增加使用面积，要多考虑住户的方便，并强调要降低造价，为住宅商业化开路。到1980年时，我国提出要考虑城市建筑住宅和分配房屋的一系列政策，开始了住房制度的改革。除了居住标准的提高，注重"食寝分离"，提倡"住得下，分得开，住得稳"的要求外，新住宅区开发应加大规模，生活配套设施按比例建设，注意交通组织和环境布置，节约用地和建筑配件定型化和系列化也被提上了日程。如北京建院那时设计的劲松住宅区面积为54万 m^2，团结湖住宅区（两期）面积为40万 m^2，五路居住宅区用地为86万 m^2 等。到北京市编制80、81住宅系列标准时，住宅类型更为多样化，使用更方便，并且有砖混、大模板、框架轻板等3种结构类型。此外，北京建院还展出过住宅的足尺样板间，适应了大规模城市发展的多种需求，这一成果获得了1985年国家科技进步二等奖。等到80-90系列通用图出现时，住宅商品化已经出现，这时的住宅已经从"温饱型"逐步向"小康型"过渡了。此后建设的富强西里（12 hm^2）、方庄（266 hm^2）、小后仓（1.5 hm^2）、恩济里（10 hm^2）、望京两区（37 hm^2）等，无论在规划手法、住宅套型、墙体改革、节能、可持续发展、管理服务模式上都有很大改进。最后它们通过"八五""九五"住宅的设计方案，在居住性、舒适性、厨卫整体设计、科技含量、生态平衡等方面都达到了较高的水平。

《品宅》一书展现了第八设计室过渡到第六设计院和创作工作室刘晓钟几十年的创作历程。21世纪以后的住宅设计与以前相比要求更高，更具挑战性。刘晓钟工作室一方面延续了北京建院长期以来在服务社会、改善人民生活方面的优良传统，同时又能适应城市化急速发展、住宅商品化、房地产业进入高速发展时期的新要求。21世纪初期，北京平均每年新建2 250万 m^2 住宅，仅2001—2008年，北京住宅建设量就有1.8亿 m^2，几乎接近新中国成立后50年北京新建住宅面积的总和。这同时也导致设计市场的激烈竞争，对设计服务的质量要求更高，量身定做和大户型住宅的出现为设计创新提供了更多的机会和可能性。开发商对居住性、舒适性、经济效益的追求更是对设计师的考验。本书收录了2005—2022年刘晓钟工作室创作的61个案例，这些案例反映了设计人员在满足不同地区、不同业主的要求时，在适用、经济、美观、绿色等方面的探索，进一步延续了北京建院在住宅建设服务上的传统。同时该团队服务的区域已远远超出过去，突破了仅在北京市的局限，扩大到了国内更大范围的地区。

二、房地产市场的竞争局面进一步考验人才队伍的薪火传承

北京建院几十年来在住宅设计上所取得的成就离不开一代代建筑

师的筚路蓝缕、艰苦奋斗以及他们的众多学术成果和经验的积累。早期住宅设计标准很低，限制条件苛刻，技术手段落后，但北京建院标准室的技术人员开动脑筋、集思广益、不计名利，努力设计出能够适应当时形势和条件的应对方案和标准系列，为当时人民居住水平的渐进改善、解决住宅的有无问题交出了自己的答卷。大家心往一处想，劲儿往一处使，贡献自己的才能和智慧。

张开济总是长期关注住宅问题的专家之一。早在1953年，他就参照国外邻里单位和苏联住宅的建设经验，设计了复兴门外和西便门大街的邻里单位住宅和三里河、百万庄两个双周边布置的小区。1956年，他对住宅"合理设计，不合理使用"的做法提出了意见，认为住宅标准应根据不同地区、不同对象有所区别。1976年，他提出加大进深和利用采光井来节约住宅用地。1979年，他对新建成的前三门高层住宅提出了自己的看法。在1983年以后，他写了多篇文章反对高层化，反对一味学习香港模式。从1984年起，张镈总也提出了自己的思考。他在《对居住建筑的思考》一文中，回忆了我国住宅标准前后的变化，从人口结构、算经济账出发，主张在城区建低层住宅，二环以外可以多建高层，并强调这不单是一个层数高低的学术问题，而是客观的需要。赵冬日总对北京北郊住宅区（1956）、住宅人口结构和生活方式（1980）、城镇化和住宅体系（1985）、住宅设计（1989）等问题多次发表看法。华揽洪总在1956年就设计了崇外幸福村小区，用4层坡屋顶的外廊住宅围合成不同尺度的院子。宋融和刘开济在1956年发表了关于小面积住宅设计的探讨文章。宋融在北京建院八室主持了80系列的标准设计，并在1984年发表关于高层住宅的文章。他认为："建设高层不是我的爱好，而是我多年来对住宅建设认识的结果，是解决我国大城市住宅问题的一种有效手段。"白德懋总不但就小区规划中的布局（1979）、住宅层数和密度（1987）、人的行动轨迹（1988）、居住区的创作（1991）、城市的总体设计和交通综合治理（1996）、街道空间（1998）等问题进行理论研究，同时在富强西里、恩济里小区的建设实践中不断探索，取得了很有指导性的成果。这些专家争鸣、研究成果进一步促进了北京乃至全国住宅设计理论和实践的发展。

此外，北京建院标准室和六室的其他专家也有许多成果发表，如陆仓贤关于58标准系列（1958）振动砖壁板住宅的研究（1964），华亦增关于小区绿化指标的研究（1981），劳远游关于多层住宅太阳能热水器的研究（1983），赵景昭关于改进住宅设计的研究（1980），刘益蓉关于住宅缩小面宽的研究（1980）以及对一室户（1981）、九层住宅（1991）、安苑北里节能住宅（1991）的探讨，黄汇关于住宅意向的调查（1988）、对小后仓的改造（1991）、住宅日照问题（1995）、居住区的生命力（1998）的研究等。

当年标准室的领导沈兆鹏、张锦文、周保时等人以及在住宅设计领域长期耕耘的虞锦文、冯颖、沈致文、张念增、吴庭献、温永光、周志连、钟汉雄、梁学惠、赵学思、李诉、谢钦冀等许多同志（以上仅为建筑专业），都为住宅设计贡献了自己的智慧和汗水。晓钟和他的创作团队的年轻同志接班以后，在这些老同志的优秀传统和精神鼓舞下，在老同志"传帮带"的基础上，迅速进入了角色，接过了住宅设计的重任，形成了一支新的更有创造活力的设计队伍，这一过程体现了北京建院设计精神的薪火传承。以晓钟为首的创作团队也正是在改革开放后的大好形势下、在不断的竞争和创新中一步步走向成熟的。与前辈相比，他们的学术成果还有待进一步总结，希望以《品宅》一书的出版为契机，他们还可以更深入地梳理和发掘创作理念及实践成果。

三、学术带头人和创作团队

长期以来，人们形成一种观念定势：公共建筑复杂，居住建筑简单；公共建筑高级，居住建筑低级……这些观念影响了许多建筑师的就业坚持。虽然目前从设计收费角度来看，这种状况有所改善，但在人们的潜意识中上述影响仍难以完全消除。试举一例：全国工程勘察设计大师的评选自 1990 年起至今已评选了十届，各行各业的专业人才有 600 人入选，仅建筑专业先后就有近百人入选，但其中以居住建筑为专长的设计大师据我所知只有 2000 年第三批的赵冠谦和 2020 年第九批的申作伟。看来人们对住宅认识的改变需要时间。

就我在 1995 年参加前三门住宅的唯一一次设计的体会，居住建筑是关系到整个国计民生，关系到广大人民群众的幸福获得感，关系到千家万户的建设工程。从设计难度上来讲，各类建筑都有自己的特殊之处。居住建筑的使用对象众多，在计划经济时期因为家庭的人口结构不同，生活需求不同，更是众口难调；居住空间是人们在一生当中生活和使用时间最长的空间之一，又是最重要的私密空间，因此建筑师对其中每个细节的处理都会十分敏感；此外居住建筑的建设量大，不但对经济发展有重要的拉动作用，同时对于城市面貌、生存环境等也有着重要的影响……就以北京建院自己的住宅而言，即便是有经验的老建筑师来为自己单位设计住宅，也是很难让大家都满意的。

在《品宅》一书中，晓钟作为北京建院居住建筑的学术带头人，创作集体的管理者和负责人，在长期的工作中积累了丰富的经验。在本书的前面，他专门撰写的《我的创作观与居住建筑设计的三个属性》，是他多年经验积累在设计哲学和方法论上的归纳。

创作理念中首先是"设计生活"。只有体会生活、经历生活、深刻认识生活，才会更好地创造生活、设计生活，设计居住空间并营造特色住宅。其次是"创造环境"。建筑师应能敏锐地根据地块特点，找出地块优势，化不利为有利、无碍，这才能为居民提供一个舒适、方便、自然的环境，让居民在其中安逸、快乐、幸福地生活。再次是"方便使用"。这要求建筑师有责任心、要用心，这两个"心"不是一回事。责任心是建筑师对甲方、对产品、对社会的责任表现，用心是建筑师发自内心对建筑的热爱、喜欢以及自身良知。最后是"尽善尽美"。居住产品的完成过程就是把理想与现实、图纸与工程相结合，使其实现、落地。建筑师的价值就是要把项目实现，不只是在图纸上实现，更要在建造过程中实现。居住产品的商品属性、文化属性和社会属性更是晓钟多年实践和研究之后的概括和总结，这里就不再重复了。

我一直认为建筑创作是一项极具个人色彩的集体创作行为，所以学术带头人与团队的关系也是设计作品能否成功的关键。"团队能将产品设计与研发和市场直接对接，准确判断市场，让产品竞争力强，销售效益好，从而使工作室得到很好的市场和业内口碑。"在设计团队中，大家秉持共同的理念，"注重精细管理，体现大量优势，追求高完成度，把握市场方向，创造精品工程"。当然晓钟也提到，在北京建院这样的体制下，大家更多的是关心集体、关心团队、关心公司的品牌，"在项目和个人宣传上关注得比较少"，加上这种大院人才济济，仅总建筑师和副总建筑师就有几十人之多，术业有专攻，因此在北京建院的品牌之下如何让社会和公众能更多更深入地了解其中的主创建筑师，还需要从上到下、从内到外的各方面努力！

随着时代的发展，我国的房地产事业也面临着更严峻的挑战，在过去的经济增长中房地产已作出了巨大的贡献。以前高杠杆、高周转的模式转变为当前常态化的增长模式，保障房和廉租房建设、老旧小区改造的比重加大，都对市场化的商品房有所影响，设计单位也需要适应这种增长模式的转变。社会的发展、生活水平的进一步提高、老龄社会的到来也对设计提出了新要求。房地产业涉及面广，受宏观政策的影响大，这对晓钟和他的团队也是一种考验。相信只要我们拿出高质量的产品、细致和全面的服务，按照二十大所提出的目标和任务，在新时代的征程中自信自强、守正创新、踔厉风发，勇敢前行，就一定能够克服在业务和经营上的暂时困难，实现我们的奋斗目标。

中国工程院院士、全国工程勘察设计大师
北京市建筑设计研究院有限公司顾问总建筑师
写于 2022 年 10 月 19 日午后

目 录

010　我的创作观与居住建筑设计的三个属性 / 刘晓钟

居住建筑

024　北京城市副中心职工周转房——朗清园三区

036　雄东片区 A 单元安置房及配套设施

048　顺义马坡中铁花溪渡

058　北京中海九号公馆

072　北京城市副中心职工周转房（北区）

080　海淀西山锦绣府

092　廊坊京汉君庭住宅小区

096　远洋·万和城住区

104　远洋·波庞宫住宅及未来广场商业综合体

113　望京金茂府

122　秦皇岛香玺海

132　青岛银丰·玖玺城

144　京汉铂寓

150　远洋万和公馆 8 号楼

156　首开国风尚樾

162　廊坊新世界家园

168　石景山京汉东方名苑

174　北京电影洗印录像技术厂北三环中路住宅

180　北京市通州区潞城镇棚户区改造土地开发 BCD 区后北营
　　　西北角地块安置房

186　华雁·香溪美地

192　房山高教园区公共租赁住房项目

198　昌平区北七家镇沟自头村定向安置房

202　鄂托克前旗敖勒召其镇住宅小区

210　河北涞源县恩泽园扶贫安置房项目

214　北京城市副中心住房（0701 街区）规划方案及 B# 地块第一标段

222　海淀区学院路 31 号院职工住宅

226　梁各庄棚户区改造安置房住区

234　昌平区创新基地定向安置房

240　通州区张家湾镇村、立禅庵、唐小庄、施园、宽街及南许场
　　　棚户区改造项目一片区安置房

248　保定望都锦珑府

256　藁城区西刘村旧村改造 1-2 号地块

260　中直机关园博园职工住宅（保障房）工程

268　世茂府

274　平谷区峪口镇峪口村集体土地租赁住房

282　昌平三合庄村集体租赁住房

286　青岛山东头村整村改造

294　兴业诚园小区规划方案

298　秦皇岛开发区戴河桃花源

304　容东片区 F 组团安置房及配套

312　房山区京西棚户区改造安置房

318　后沙峪镇 SY00-0019-6001、6003 地块 R2 二类居住用地、
　　　6004 地块 B1 商业用地

322　武汉远洋心苑、远洋心语住区及远洋万和四季办公楼

326　银川湖畔家园

改造利用

332　青岛市委党校教学楼改造

336　青岛市委党校多功能楼改造

344　北京丰台日料店建筑改造及室内精装修工程

348　南锣鼓巷蓑衣胡同 11 号院

352　新闻出版广电总局老旧小区综合整治（一期、二期）

公共建筑

358　青岛国际贸易中心

366　北京城市副中心 0701 街区家园中心

372　青岛市委党校学员综合楼

378　北京金茂绿创中心

380　青岛银丰·玖玺城商业商办项目

386　内蒙古巨华呼和浩特市医院商业项目

390　廊坊市民服务中心

398　内蒙古巨华德临美镇商业项目

文化教育建筑

404　北京城市副中心职工周转房配套
　　　——北海幼儿园城市副中心二分园

414　北京城市副中心职工周转房配套
　　　——黄城根小学通州校区

426　德州市博物馆

434　宁夏美术馆

438　北京元亨利文化艺术中心

444　刘晓钟工作室主要获奖作品名录

454　刘晓钟总建筑师获奖名录

461　工作室主要作品一览

我的创作观与居住建筑设计的三个属性

刘晓钟

工作了 38 年，说到建筑设计，想到创作观，我自己体会最多的还是居住建筑的设计，或者说是住区规划与住宅设计，因为自己正好赶上了中国城市社会快速发展的阶段。特别是房地产市场的起步、发展、快速发展、高品质理性回归这四个大阶段，我都亲身经历和实践过，这是自己从业的荣幸与难得的机会。谨以本文作为我建筑创作的一点心得，真诚与大家共勉。

一、设计生活

人生活在社会中，离不开两种建筑空间：一是工作、娱乐、生活所需的公共社会空间；二是居家生活、休息的私密居住空间，人一生中

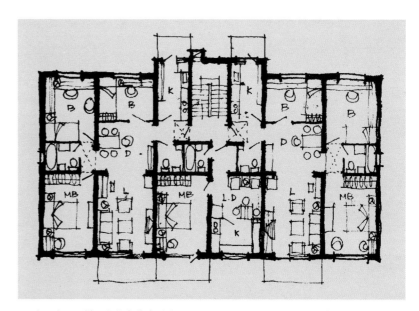

恩济里小区一梯三户住宅作者手绘图

刘晓钟与厦门华鸿家园项目投标模型（1988 年）

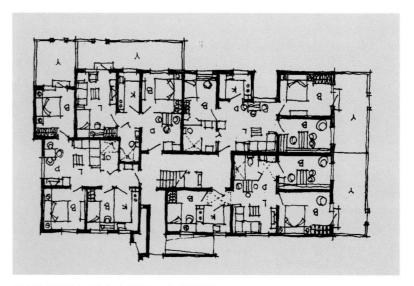

恩济里小区残疾人住宅（东西向）作者手绘图

大部分的时间是在居住空间中度过的。所以，居住空间和我们的生活密切相关，不仅影响我们的生活习惯，还影响我们的生活方式、格调和品质。每个人在人生不同的阶段和居住空间中都印刻了成长过程中的点点滴滴。虽然这样的空间并不一定是固定的，可能是多个维度的空间，但在其中产生的生活印迹会伴随你的一生，可见其影响多么重要。

一坛老酒，为什么有独特的魅力，因为有时间的积淀，有储存发酵的经历，有不同环境和因素"历练"出的特异的醇厚与芳香，所以其味道独特、清醇、令人回味无穷。建筑师，特别是居住建筑设计师，也应如此，只有体会生活、经历生活、深刻认识生活，才会更好地创造生活、设计生活，设计宜居的居住空间，营造特色住宅。同样是一个卧室空间，学龄前儿童房的设计首先应考虑大人照顾儿童时的便利，考虑到安全与环境的要求，其家具尺度与用品的选择肯定与成人房间是不同的。学龄期儿童的房间设计需要考虑学习、活动空间，家具尺寸与用品选用要充分考虑收纳和展示等功能。小学生的房间设计与中学生的不一样，女生、男生的房间设计也彼此不同，婚房卧室、老人卧室的设计就更不一样了。需求不同，空间尺度就不同，设备设施、家具、环境等一系列设计要求都有所不同。所以建筑师要了解、认识这些生活过程中的不同需求，考虑人的行为特点和需求变化，这样才会让设计满足人的要求，营造尽量完美的生活环境。如一个充满人文关怀的温暖社区，其在人文设计方面就涵盖多种设施，如指路标识、电话亭、邮寄箱等服务设施。

二、创造环境

人的生活离不开各种环境，如自然环境、交通环境、自然生态环境、商业环境、娱乐服务环境、教育环境、医疗环境等。环境的范围可大可小，小到一个房间、一套住宅的室内环境，大到一个组团、一个街区、一个住区、一个区域、一个城市的环境。大环境的营造由城市规划师决定。建筑师只能控制用地范围内的环境，但要协调好城市的各种环境要素和要求，在充分利用有效资源的基础上，让地块与城市有机结合，形成互补，共生共存。

任何一个地块都有优点和不足。建筑师应能敏锐地根据地块特点，找出地块优势，化不利为有利、无碍，才能为居民提供一个舒适、方便、自然的环境，让居民在其中安逸、快乐、幸福地生活。当然，这要通过对不同方案的取舍，通过客观论证、理性认识和分析所有条件与因素，以居者身份回答问题，根据使用者的要求解决问题，最后达到完美一致。

在规划过程中，每一项工作都很重要，但谁在先、谁在后，哪一项工作还存在未知因素与变化，哪种组合是最优的，都需要建筑师加以考虑。最初的逻辑和目标不能改变，但可以调整。建筑师就是在知与不知、是与否的过程中进行抉择，不断认识和修正自己的认知和判断。这

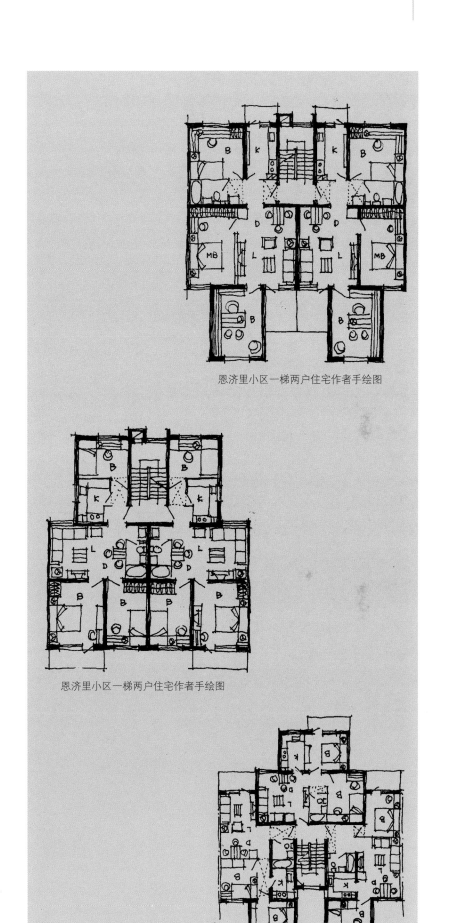

恩济里小区一梯两户住宅作者手绘图

恩济里小区一梯两户住宅作者手绘图

恩济里小区一梯三户住宅作者手绘图

绝对是创作中必不可少的逻辑过程。

　　锻炼人、磨炼人、折磨人……有时候建筑师甚至也会怀疑自己的选择与决定，但最终看到设计成果被认可后便会有些许喜悦，那种自我兴奋感，来自建筑师坚持客观真实的态度和初心不改的表达。因此建筑师的内心的确要有强大和持之以恒的修复能力。有人坚持下来了，有人选择了改变，有人选择了妥协，不管采取什么样的方式和方法，结果确实不同，这就是不少设计结果对不起我们的努力与坚守，让使用者不能满意的原因。

1994年作者获建设部城市住宅小区建设试点部级奖规划设计金奖（北京恩济里小区）

颁奖会后合影（恩济里小区）

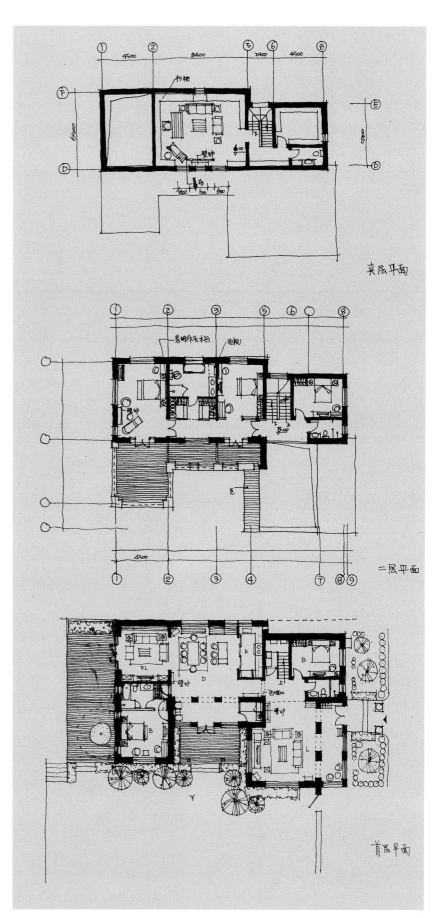

某别墅项目作者手绘平面图

作者与白德懋总、赵景昭院长等领导领取恩济里小区获奖奖状

作者与马国馨总、王玉玺书记、白俊琪所长等赴青岛，勘察党校项目用地情况（组图）

三、方便使用

任何一幢建筑都需要有完善的功能以供人使用。为何特别强调居住建筑要方便使用，因为居住建筑的使用频率高，天天在用，时时在用。开关、插座的位置，空调机室内的方向，家具的布置，家具与窗户、插座的关系，门的位置，窗帘的形式（包括窗帘轨道的安装方式、轨道运行时声音的大小等），这些看似很小的细节，却决定了生活的方便和舒适程度。如床与卧室门的关系，在十几平方米的使用面积内要考虑的内容就相当多。有时候设计得很好，大家不理会，一旦存在问题，违背了人的生活习惯，就会觉得别扭、不舒服，影响生活情绪和生活状态。作为建筑师不能只追求"高大上"的设计，而忘记或忽视建筑中那些看似平常却是最基本的使用要求，从而影响建筑的品质。在图纸上制作方案时，设计上的这些问题往往不易被发现，建筑师感觉都做了，其实不到位，要等交付使用后才能发现。这时再修改，既浪费材料，又影响工期，造成产品总体品质下降。业主这时就会认为建筑师没有尽责、设计不到位，便会怀疑建筑师的能力了。其实这些问题在设计方案进一步完善时是可以被发现并修正的。这就要求建筑师要有责任心，要用心，这两个"心"不是一回事。责任心是建筑师对甲方、对产品、对社会的责任表现，用心是建筑师发自内心的对设计的热爱、喜欢以及自我良知。我前面讲的公建与住宅，一公一私，但有异曲同工之处。我们不能说建筑师不用心，只是表现在作品上的程度不一样。但对住宅来讲，设计时需要建筑师以一个居者的身份去体悟、体验、

体会。首先要让自己满意，然后才能让使用者满意。看似只是身份的转换，但这需要建筑师用心去改变和转换。这的确需要一个过程，在这个过程中，要力求达到最高境界，建筑师要把自己看作每个房子的主人和使用者。这个境界要用时间去修炼、用修养去支撑、用一个建筑师的主流价值观去驾驭，要靠建筑师在不同文化时空下的设计担当与自身强大的文化滋养。

四、尽善尽美

前面我讲了对许多项目的认识，对方案、产品设计过程和目标的理解。在完成居住产品的过程中，建筑师就是要把理想与现实、图纸与工程相结合，去实现、去落地。建筑师的价值就是要把项目实现，不只是在图纸上实现，更要在建造过程中实现。我们虽然不需要亲自去砌墙、架梁，但必须关注过程中的施工工艺，材料、性能等是否达到设计要求，并且在这个过程中不断修正自己，在对材料、时间、工艺、质量的把控中，努力达到多种因素的相互协调和完美配合。

我认为，一个项目图纸的完成只是做完了 60% 的工作，还有很大一部分工作要在施工过程中完成。这时随着工程的推进，时间与进度、质量的矛盾就会产生，如何协调材料、工艺与工程经济性的问题，如何调整、改进前期未竟想法，这一切都决定了项目或产品的最终品质。建筑师在这个过程中要根据已有经验和项目要求，努力协调、坚持、改进、调整，既要解决所有问题，又要保证质量与工期，才能达到设计方案与

为设计青岛党校项目，作者赴香港考察

作者赴台湾建筑师公会考察

实际建造的完美匹配。建筑师在享受第一个过程中的快乐时，更要从第二个过程中收获幸福和满足，然后再得到业主和用户的满意和夸奖才算真正达到完美。我将居住建筑设计作了如下归纳。

居住产品的三个属性：商品属性、文化属性、社会属性。

商品属性

这些年我一直在做住宅设计和相关课题的研究，也为行业编写了一些标准、规范与导则。特别是在 1995—2015 年这 20 年中，我回顾这些创作历程，很多场景仿佛就在眼前。在创作过程中，我们需要考虑开发商主导的因素和市场环境的影响，关注各大客户群体关注的房价和品质，针对政府关心的房地产市场发展的前景，积极探讨究竟什么是好的产品。无论是以概念、理念为主，还是以创新为主；无论是以口号、概念为市场，还是以理性、客观为目标，其间建筑师时而被市场所影响，时而被理性所驱动。市场、时间有时是可以选择和回避的，但居住品质是回避不了的，提高居住品质是真正的硬道理。这就要求我不断反思，居住建筑应具备什么样的特质才能适应这个过程、具备什么样的属性才能不被市场所控制和干扰，所以我就按时间和发展路径回溯，旨在总结这个过程。我从基本以开发商为主导的商品房市场研究开始。20 年来，我国房地产市场发展迅速，规模庞大，速度之快、影响之大让人不可想象。住宅产品虽然都是商品房，但产品的形式、类型、风格不一样，既要体现开发商的价值观，也要表达政府的理念，同时建筑师还要根据上述要求综合表现建筑的功能和风格。如何选择？一会儿欧式、一会中式、一会美式……方向在哪儿？谁对谁错？在这丰富多彩的形式风格和潮流中，我们迷失了方向，失去了建筑师对建筑的基本理解和认识，失去了建筑师的自我认知和价值追求，只好随波逐流，开发商认同了就可以了，连基本的建筑原则都丧失了。这一时期，我们留下了许多令人遗憾的建筑和项目，这一切原因归于谁？开发商、政府、市场、建筑师？都不是，应是我们大家对居住建筑的认识还不够清楚、明晰，缺少对居住建筑在市场中的位置和属性认知，所以应该考虑加强对居住建筑的商品属性的研究。要知道是居住建筑的商品属性决定和影响了市场，影响了开发商、建筑师、政府的决策。因此，用居住建筑的商品属性就能够解释上述 20 年来的诸多情景了。

何为居住建筑的商品属性？建筑为人们提供了活动的空间，居住建筑为人们提供了生活、居住、休息的私人空间。居住建筑作为一种商品，是可以买卖、可以被人们持有的建筑产品。既然是产品、商品，那它就一定有独特的属性和特点。如果不认识到这一点，就无法在市场中更好地驾驭居住建筑这类建筑产品。

住宅所进行建筑部品考察留影

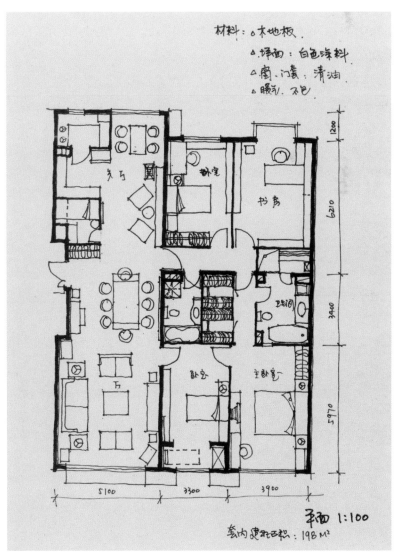

颐源居户型作者手绘图

居住建筑产品的特点

居住建筑产品的特点
产品的选择权
产品的差异性
产品的包装与品牌价值
产品的概念与创新
产品使用的维护和管理
产品价值的保值与增值
产品的升级与换代……
产品的价值——大与高（个人一生财富的体现与付出）
居住建筑产品的地域性（固定性，不可移动，对用地有使用要求）
使用寿命与周期（几十年甚至百年）
是一个大的人类生活空间，是多种产品的组合——产品的复合性

所以，既然住宅具有商品属性，我们就不能简单地以对建筑的认识和评价去看待它，而要以对商品的标准和要求去看待它。因此，建筑师和开发商有时对立，或者有时存在不一致的认识，就容易被理解了。对建筑的评价和认识，如果加上市场和商品的属性也就容易进行了。因此，问题的根本在于要透彻理解住宅商品属性的存在。

文化属性

说到居住建筑，为什么要谈到文化呢？因为很多问题、矛盾在现实社会的实践中是无法用技术和规范去认识和解决的。我们不能仅从建筑本身出发，而是需要认识、评价使用建筑的人和人的文化，在不少场合下唯有用文化才能把问题的根源讲清楚。

任何一个产品和事物都应允许人去评价，可好、可坏，也可不好、不坏，不一定是两个结果，也可能有三个或者更多个结论，而这并不影响人们对产品的认知。一般来说，其他产品影响的可能是一个人或者几个人，对大多数人认知的影响有限，只要个体有满意的认知就好了。但建筑不一样，它是客观存在的空间、实体，不是个人行为，是社会和现实生活中的客观存在，不是可以随意改变的。它将持续存在很长一段时间，既影响社会和生活环境，也影响人们的认知和感觉，对后人也

六所班子研究工作。左起作者、李杰、常志文

作者与白德懋总在大连考察

外宾考察恩济里小区

何玉如总建筑师、赵景昭院长指导工作

作者手绘某项目大堂效果图

为设计西苑饭店，作者赴新加坡考察

会产生持续的影响。因此，在对建筑进行评价和判断的过程中，要慎之又慎，充分分析各种因素与条件，以理性的思维方式和客观的方法去对待建筑设计，不能以一己的认识和权力来掌管建筑的"生杀大权"。教训已经不少了，不能再拿项目交学费了，不能让建筑师唯命是从，对违背设计规律的要求听之任之。建筑师要有定力，真正做到不负时间之培养，要有能力去面对当下实用主义和世俗主义盛行与交织的文化时空，靠自身的思想积淀肩负起设计美好生活的使命。

一个项目可能由一个或几个建筑师来完成，还要经过开发商、相关政府部门把关，看似一个方案、一个人、一个部门、一个决策者，但这个项目、这座建筑可能比我们的寿命还长，影响着社会和环境，影响着许多人。一栋建筑承载着几代人的认知和感觉，因此这一件事、这一个决定，一定要想好、决策好，其文化与认知是这个过程中人所赋予的主观因素，这其中的多与少、好与坏、时尚与通俗的比例、氛围、因素是不一样的，人的一点偏差和喜好就会影响整个结论，唯有沿着文化这条主线才能厘清思路和方向。

文化来自学习、来自认知、来自生活和实践的积累、来自我们普适的审美价值观。在这个过程中可能形成很多层次与标准的认知，但决策者的认知与感情往往影响成果的层次水平，影响整个项目和产品的文化内涵、美感和价值，对整个社会文化举足轻重的作用。这不是争鸣，也不是认知的不同，而是大众审美与感知的差异，不是权力和金钱所能左右的。美与丑各有其标准，居住建筑的美观虽重要，但也不可一概而论。我始终认为，任务设计对感性的过度美化，势必造成理性或适用上的钝化和痛感，无节制的美学设计往往造成居住审美的不和谐，而居住建筑最应追寻的美的准则，是有文化根基的"美是和谐"的主题。时间告诉我们每个人，历史会记录这一切是与非。所以文化在建筑领域中的地位与影响力反映的是这个国家和民族的思想与精神，是对整个民族建筑素养的体现和认知。文化的重要性是不可忽视和践踏的，无论是执行者和管理者都要以一种客观、学习、判断、批评和敬畏的态度去对待。建筑师负责制可能只是一个起步，还要有一个过程我们才能知道，在目前的环境中会得到一个什么结果。

社会属性

居住建筑不仅具有商品属性、文化属性，还具有社会属性。作为建筑师，也要关心它的社会属性。社会属性包括社会价值、社会责任、社会利益、社会公平及社会福利等。在居住建筑中，有些社会属性的内容与商品属性的内容相叠加和覆盖（属产品价值和产品品质内容的部分，在此不阐述）。下面重点介绍居住者在责任、利益、公平与福利上的问题。

作者与吴静看望白德懋总

左起屈培青总、刘力大师、作者

中国建筑学会建筑师分会人居沙龙在北京召开，左起作者、赵冠谦总、屈培青总

作者与何玉如大师

作者与赵景昭老院长

六院年终总结会

工作室成立八周年欢庆（组图）

刘晓钟工作室近照

首先是责任。建筑师对产品负有责任，但居住建筑这种产品，它存在于社会环境中，不只是对一个用户负责，而是对几个或更多用户负责，因此受影响的人也更多，既存在影响别人的情况，也存在别人的影响。总有人会问，随着社会发展的提速、产品质量的提升和政府监管的加强，还存在谈什么责任的问题吗？现实中的确还存在。目前的发展可能呈现两极化，好的产品在不断增加，产品品质得到一定的保证，这是市场化的功绩。但是在普通的政策房和安置房方面，问题还不少。一般政策房受时间、资金、思想和其他因素的影响，品质上存在欠缺，虽然也能达到行业标准，但与高品质还有差距。这些政策房是普通群众生活的基本保障，体现的是人们对舒适、美好生活的追求。建筑师在完成政策房设计的过程中要有这种责任意识，并将其体现在设计的方方面面，实现让群众满意的最终目标。尽管政策房达不到高品质，但也要具有高品质的特征，从而满足用户的诉求。也就是说，在资金不足的情况下，设计要更加用心、用力，在有限的各种客观条件和资源约束下，设法得到最好的结果。这需要建筑师勇于承担这种责任、履行这种义务，珍惜来之不易的政策和资源，从思想上认识到它是很多人多少年的期待与等待，寄托了几代人的希望，从而用心去完成产品和项目。

其次是利益。个人利益和社会利益在产品中都会有体现，建筑师所能影响的是产品使用者的利益。但住户作为使用者，他只是项目中的一分子，只是其中的一个单位，而项目的各项资源和利益是不均等和不平衡的。如何让共同的资源和各方的利益实现均衡，让人们得到相对的公平，这就需要建筑师去考虑如何平衡资源和利益的权重，因为产品未来的价值和效益可能受这些因素的影响。如何做到设计中的利益平衡，建筑师有责任；而如何决策，开发商有责任。二者要将产品和项目中的利益落实到设计中，保证在现在、今后的平衡过程中尽量做到公平。

最后是公平与福利。社会在发展过程中不可能完全均衡，肯定会有各种差别、不平衡、不均等，这并不可怕，只能想办法去解决及改善，并且尽量做到相对公平。建筑师要努力通过各种政策、手段进行有效的调节来满足人们的需求，使人民获得幸福感，感受到社会的和谐与幸福。追求公平与福利是当今社会进步的标志，在居住建筑设计过程中，对二者的掌控很重要。政策、社会资源与福利是全民、全社会的财富，统筹协调、合理调整很重要，不仅要满足需求者的很多诉求和想法，还要保证对有限公共资源的合理、有效利用。居住建筑既要体现国家的政策和福利，让百姓满意，用设计将政策落实，又要让政策能够可持续，在不增加政府负担、解决社会存在的问题的同时让百姓满意。精心设计当然是必需的，但更重要的是还要了解用户的生活习惯、家庭结构、地域文化以及居住建筑配套设施特点等。建筑师要具备面向现实与未来的发展思维，利用有限的资源将项目提升到一定的标准，满足整个社会的

2007 年朱小地院长、张宇副院长与工作室部分人员合影

朱小地、徐全胜等领导为第六建筑设计院授牌

需求。建筑师要站在第三者的角度去平衡好多方的关系与利益，用好每一分钱，在贯彻"适用、经济、绿色、美观"的建筑方针时，努力用设计实现功能上的要求和精神上的满足，这就是我体会到的社会责任。

　　30 多年的居住建筑设计经验及 18 年的工作室创作实践，让我愈发对城市这个人类文明的结晶有了更深的了解，对让住区设计体现人民发展愿景、满足生活功能需要充满向往。我尤其感到住区乃人类的栖息地与成就之所，它是物质文明与精神文明的承载地，承载了一代代人对生存空间的热切渴望，需要建筑师为其设计营造出温馨港湾与色彩斑斓的"舞台"。在 1982 年第 5 期《新建筑》杂志上有篇著名建筑师戴念慈院士的文章《从 19 世纪西欧住宅问题看我国当前的住宅困难》，这是他在学习 1872 年恩格斯所著的《论住宅问题》时撰写的心得。戴院士在文章中指出，恩格斯指明的那个无情的客观规律，并不会因为今天中国的社会制度与发展现实而变得不复存在，而是告诉我们要将政府对住

刘晓钟工作室近照

宅发展的关怀用设计尽快落实。戴院士在 40 多年前就特别指出"节约就是用最少的财力、物力、人力，来求取最大、最好的效果，这本身就是一门科学"。它对今天的最大启示是，作为一介建筑师要有定力，要在各式各样"主张""卖点""概念""主题"中发现问题，找到真正有助于设计的理性感悟。

在 2004—2022 年的 18 载工作室创作中，我先后主持并设计了 20余个大中型住宅区，加起来也有两千多万平方米的住宅及公建。我的设计感悟已总结归纳成上述的三个设计属性。这里再略作些说明。

（1）建筑师要有综合设计观。创造任何一种产品都要有开发理念，创造人居环境更需要有清晰的综合设计观。所谓综合设计，就是以人居环境作为用户的着眼点、开发商的卖点、规划管理部门的重点，还要作为建筑师的创作点。

（2）建筑师要善于通过文化设计，创造住宅品质的新增长点。这是指要避免肤浅的设计，将人们文化素养的提升、对文化的追求与喜爱反映到设计中。

（3）建筑师设计的住宅不仅是最体现人性化的产品，也是最能体现全面效益的产品。住宅这一满足社会基本生活的消费品，其更新与换代要注重生态与智能，注重历史传承与文化创新，注重适度的资源利用及达到"双碳"目标，这越来越成为建筑师必须演绎好的新居住文化设计观。无疑，这是我们面向未来的创作理念与追求。

北京市建筑设计研究院有限公司总建筑师

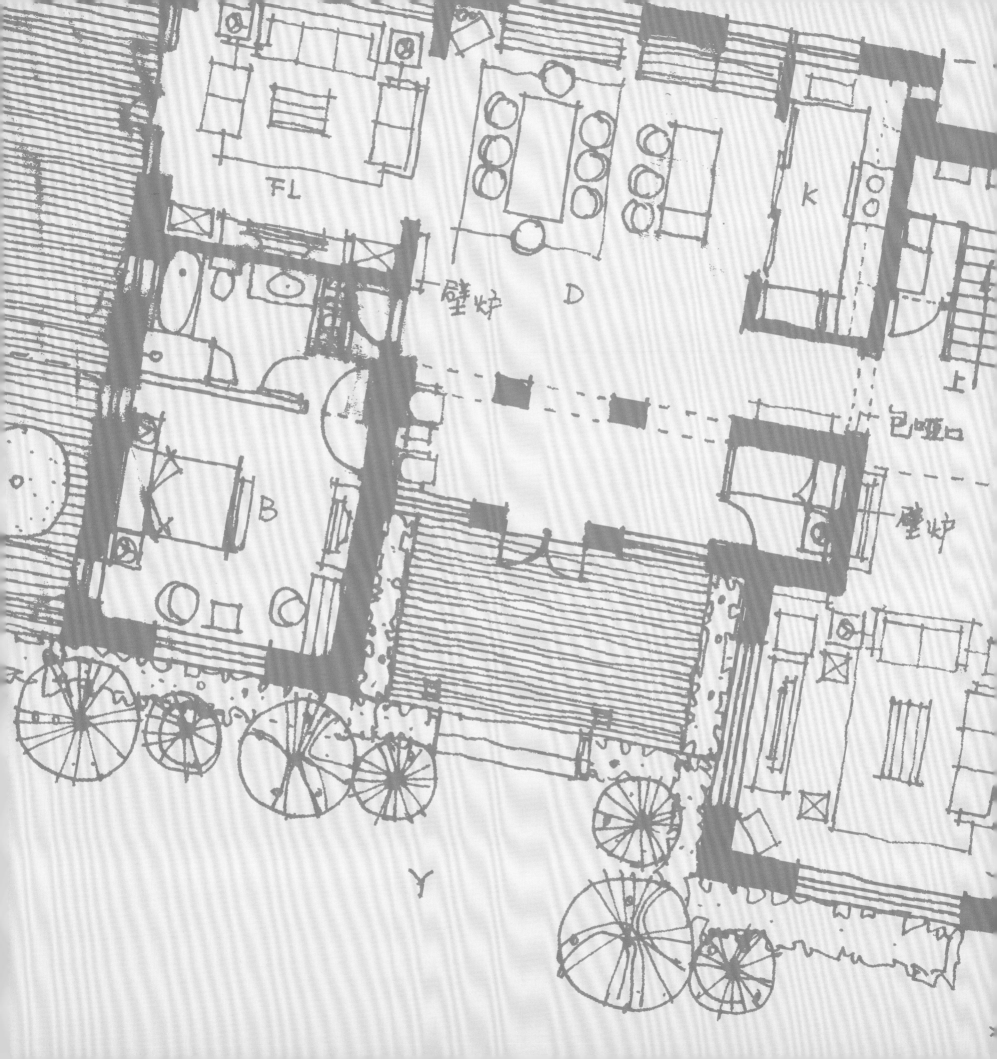

FL

壁炉 D

K

B

上

巴喳口

壁炉

Y

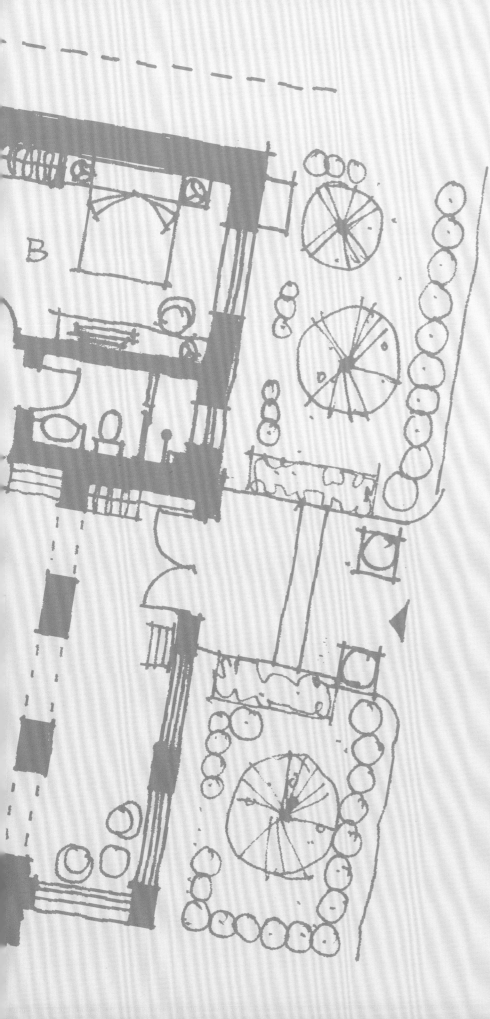

居住建筑

建筑师要靠自身的思想沉淀

去肩负起设计美好生活的使命

以居者身份回答问题

以使用者的要求解决问题

北京城市副中心职工周转房
——朗清园三区

项目经理	尚曦沐
项目总负责人	刘晓钟、胡育梅、张羽
主要设计人员	刘晓钟、尚曦沐、胡育梅、张羽、刘乐乐、李端端、金陵、左翀、赵莹、 金顼、康逸文、刘芳、付烨、牛鹏、李兆云、刘昀、欧阳文、张卓
建设地点	北京市通州区潞城
项目类型	居住区规划方案设计
总用地面积（㎡）	23.24 万
总建筑面积（㎡）	60.64 万
建筑层数	地上 10~26 层，地下 3 层
建筑总高度（m）	80
主要结构形式	装配式钢筋混凝土剪力墙结构
设计及竣工时间	2017—2021 年

朗清园三区是朗清园项目的一个组成部分，是北京城市副中心总体规划职住平衡的重要组成部分。秉持"创新、协调、绿色、开放、共享"的理念，规划设计充分考虑到居住环境与自然环境的融合，表现了对自然的尊重；以开放的街区形态、便利的配套设施，满足住户的日常生活需要，表现了对人的尊重。基于"先营造环境，再营建住区"的设计策略，本规划实现了建设"开放的生态宜居住区"的目标。

朗清园项目总体规划设计方案由北京建院牵头，与中国建筑设计研究院有限公司及北规院弘都规划建筑设计研究院有限公司共同合作完成。

"绿谷"与"浮岛"

本项目位于运河北岸，优质的景观资源是本项目最突出的特点，人们应该置身于这"水天一色"之中。规划设计将住区置于北京城市副中心整体景观系统之中，结合南侧运河公园的优美自然环境，利用规划间距，引入花园绿地景观带，设置实土绿谷花园，占地约 11 hm²。花园两侧错落布置的住宅具有较好的景观视野。住区中由建筑与用地自然形成的夹角形成的通廊产生了步移景异的效果。

居家生活需要安静的内环境，为了实现这一生

活目标，本项目通过"绿谷"花园划分为 9 个组团，并打造台地"浮岛"；利用高差及周边优质绿化条件替代常规物理分隔，与热闹的绿谷花园形成对比，营造了静谧的组团内环境。作为刘晓钟工作室第三代平台理念设计作品，规划从立体空间上区分动和静，避免了喧闹的城市街道和开放花园对住户的影响，提供了既安静又安全的组团居住空间。

"绿谷""浮岛"的规划形态营造了开放式宜居住区。配套设施位于浮岛之下，创新的布局节约了占地面积，形成更多景观活动空间，提升了住区的整体品质，实际绿化面积达到 16 万 ㎡。设计引入海绵城市的规划思想，利用"浮岛"与"绿谷"的地势高差，在花园中实现雨水的自然下渗及回收利用，形成生态循环。

营造乐享住区

通过前期研究和分析，规划特意结合"绿谷"花园和"浮岛"平台分别布置了满足不同人群需求的"外向型"和"内向型"乐享空间，突出"活力、参与和生态"的特点。住区有 1 条 3 km 长的慢跑路、4 个满足家庭需要的全龄健身活动区，4 个集中的休憩生态花园，以及多处分散布置的休闲空间节点和观景交流区域。多种室内外休闲活动空间的配置营造了一个"乐享"社区。

方便的公共服务设施往往是宜居住区的要素。本项目充分考虑目标客户群体的特点，并结合周边配套设施情况，提出了"多样与便利""健康与品质""安全与自由"的公共服务设施设计原则；不仅包括五大类配套服务，而且在空间上一改以往独立占地的建设模式，利用"浮岛"平台下空间形成架空的配套服务街，与地块间的生活街道相互呼应，不仅满足了居民生活需求，更营造了全天候开放的活力街区。

大型社区的交通出行便利与否是居民获得感多少和满意度高低的重要体现。本项目规划了开放街区的形态，除每个组团各自具备便捷连通城市街道的条件外，还通过核心"绿谷"花园相互联系，形成网状的慢行体系，居民无论身处住区何处，都可以选择最近的通路到达城市街道；同时台地组团充分考虑了无障碍设施的规划，让居民享有公平参与社区活动和便利出行的机会。

住区建筑设计

住宅建筑全部采用 PC（Precast Concrete）灌浆套筒装配式建筑体系及 SI（Skeleton Infill）装配式装修体系，预制率超过 40%，装配率实现国标 AA 标准。设计充分利用住宅"浮岛"平台下空间，将配套功能分散到"浮岛"之下，住宅和配套功能叠合布局，不仅使用便捷，而且更节约土地，形成立体丰富的景观活动空间，提升住区的整体品质。设计充分考虑无障碍出行相关设施，满足老人和孩子自主安全参与社区活动的需求，营造出"平等、参与、共享"的住区环境，使居民能够平等享受住区环境。

建筑形体采用坡屋面新中式风格，住宅立面材料以仿石涂料为主，浅米色和橘色的建筑主体色彩明亮，自洁性强。建筑群体高低搭配，沿河城市天际线韵律感强。住宅立面采用 3 种立面风格，分区布置，塑造了大社区丰富的城市风貌。

沿街商业采用浅米色石材搭配褐色铝板，结合深灰色铝镁锰金属坡屋面，营造了新中式商业步行街的整体氛围。架空平台配套"服务街"独特的建筑空间，结合错落有序的阳光内庭院，形成了独具特色的开放街道空间。

使用反馈

本项目解决了居民的远距离通勤问题，实现了居民的安居乐业，社会效益突出。"绿谷"与"浮岛"的实际绿化面积达到 16 万 m^2，大大提升了住区的内部小气候条件。"绿谷"内的海绵设施实现了对雨水的收集和利用，并塑造了特色生态雨水花园。高低起伏的城市天际线丰富了运河沿岸的城市景观。本项目在业主入住后得到了北京市领导、业主和建设单位的好评。

雄东片区 A 单元安置房及配套设施

项目经理	徐浩
项目总负责人	刘晓钟、徐浩
主要设计人员	刘晓钟、徐浩、龚梦雅、褚爽然、郭辉、王晨、钟晓彤、肖冰、李俊瑾、霍志红、乔腾飞、代海泉、于露、张崇、彭逸伦、狄晓倜、刘芳、王影
建设地点	河北省雄安新区雄县组团中雄东片区
项目类型	高层、多层住宅及公共服务配套、商业用房、公寓、地下车库
总用地面积（㎡）	47.57 万（A2、A4 宗地）
总建筑面积（㎡）	119.03 万（A2、A4 宗地）
建筑层数	14 层
建筑总高度（m）	46
设计及竣工时间	2019 年 12 月—2022 年 9 月

本项目是为雄安新区服务的安置房及配套设施，项目包含 A1 至 A4 四个大地块。北京建院负责 A2、A4 地块的深化设计。

雄东片区是雄安新区 5 个外围组团中雄县组团的重要组成部分，是新区先行启动的建设区域，是保障高铁枢纽周边居民征迁安置的重点地区。A 单元安置房及配套设施项目位于雄东片区西北部，依托固雄线方便联系雄县老城及昝岗组团，距离雄安高铁站约 5.2 km，距离雄县行政服务中心约 4.4 km。

延续雄东片区上位规划中建设品质优先的宜居社区的理念要求，A地块规划考虑整体构建"一心两轴，五带四邻里"的空间结构；通过规划网络状轴线与服务带，提供不同层级的公共服务与商业服务。

方案特色

1.景观构架良好，绿化层级清晰

用地外围被城市绿化空间环绕，南临滨水开放空间，内部有核心绿化景观十字轴线，结合各地块核心绿地，形成层级齐全的绿化空间体系。

2.城市功能丰富，设施配置齐全

"两轴"：公共服务轴，结合绿带连通南北生态空间和社区中心；城市活力轴，结合绿带连接各商业及服务设施，展现城市形象。

"五带"：五条串联社区的服务带，主要布置邻里级公共服务及商业设施，方便居民就近便捷使用。

3.公共建筑集中布局，形成街区中心

"一心"：社区中心，结合公共绿地，集中布置教育、医疗、体育等公共配套服务设施。

4.慢行系统完整

南北向核心绿轴设置下凹绿地，与相邻公建结合，塑造丰富的景观空间，也形成完整的城市慢行系统，聚集人气。

5.建筑空间布局高低错落，庭院空间收放结合

地块采用院落式布局，住宅布置高低有序，庭院空间张弛有度。

6.商业服务设施布局主次分明

商业服务设施布局形成完整、连续的城市界面。

建筑风貌色彩设计

设计团队通过对住宅建筑在不同层面表现方式的研究和推导，形成最终的色彩控制策略，主要选用暖色调大地色系中的米色、砖红色、暖灰色。通过控制彩度、色相、明度，立面共选取6种色彩通过三段式组合形成5种搭配方式；屋顶第5立面根据分区选取2种色彩，最终达到雄东片区A单元整体色彩风貌和谐统一，体现时代精神！

顺义马坡中铁花溪渡

项目经理	刘晓钟
项目总负责人	刘晓钟、吴静、徐浩
主要设计人员	刘晓钟、吴静、徐浩、钟晓彤、王晨、褚爽然、王健、蔡兴玥、林涛、王腾、曲惠萍
建设地点	北京市顺义区马坡
项目类型	高层住宅、洋房及配套
总用地面积（m²）	12.59 万
总建筑面积（m²）	23.26 万
建筑层数	18 层
建筑总高度（m）	58
设计及竣工时间	2010 年 10 月—2014 年 11 月

本项目设计内容为住宅及市政商业配套。地块内共布置 25 栋楼，其中 1 栋为配套公建，其余全部为商品住房。南侧临街住宅底层设置商业配套，小区集中绿地配置内部会所。总平面规划全部采用南北向布局，采光通风条件良好，在住宅各方向均可观赏绿地、水景。小区内形成了高品质的居住环境。

　　规划用地平整方正，在平坦的用地上最引人注目的是一排排东西走向和南北走向的高大杨树。保留并改造区内大量现状树木，打造优质景观，真正改善人们的生活环境，成为设计的根本出发点。设计团队希望在小区建成后，人们可以在这片树林中漫步，忘记压力，放松心情，感受自然的馈赠。

　　本项目的景观结构主要由"点""线""面"3个层次构成。

　　"点"：轴线交会处及尽端设置广场、景观小品等，每个节点之间利用对景手法相互呼应，形成连贯的景观系统。

　　"线"：树木保留区域形成天然景观横轴及北侧景观纵轴，后期改造结合南入口形成南侧景观纵轴，近"十"字形中心景观轴成为全区景观的骨架。

　　"面"：每个组团布置精巧亲民的小景观，各个组团有各自的景观支持，同时各组团的绿化空间又协调统一，形成区内的"面"。

　　本次建筑设计采用严谨中不失浪漫的"赖特式"建筑风格。高低错落、坡度平缓的屋面，深远的挑檐，凸显了水平的线条；米色的横向线脚及深灰色的横向金属阳台与深红色的面砖形成强烈的对比，再次强调了水平的构图；将垂直的墩

柱及顶层的小立柱等部分竖向元素统一起来，打破了单一的水平线条，使建筑形象更丰富美观。颜色以暖色调为主，充分考虑了美感舒适度和业主的居住舒适性。

本项目采用人车分流模式组织交通，正对景观轴位置设置人行出入口，使居住者在完全没有机动车干扰的条件下，有"沿着公园回家"的感觉。小区内设置一条消防环形主干道，入户路与主干道相连，平时为步行道路，同时满足消防要求。另外，沿景观轴线设置的步行路将整个社区连为一体，使社区任意两点之间都可以通过环境优美的步行路系统安全连通。

本项目不仅考虑自身的合理性、舒适性，而且充分考虑项目对周边项目、周边环境乃至城市的影响。规划设计时东侧临市政绿地设置多层洋房，使建筑与景观融为一体；南面及北面的沿街建筑进行了退让，甚至降低层数，来打破"平板"的形式，形成高低起伏、内外退让的建筑群，丰富沿街建筑的天际线，减少压迫感，增加小区的亲和力，实现小区域与大区域的共融。

北京中海九号公馆

项目经理	刘晓钟
项目总负责人	吴静、张立军、冯冰凌、胡育梅
主要设计人员	刘晓钟、吴静、张立军、冯冰凌、胡育梅、李扬、姚溪、林涛、郭辉、张宇、钟晓彤、谢晓辰、杜恺、邓伟强、褚爽然、程浩、孙维、赵楠、马晓欧、刘淼、张妮
建设地点	北京市丰台区花乡六圈
项目类型	居住建筑及居住区规划
总用地面积（㎡）	19.94 万
总建筑面积（㎡）	49.58 万
建筑层数	18 层
建筑总高度（m）	60
设计及竣工时间	2010—2014 年

　　中海九号公馆位列北京市的地王项目之一，地理位置绝佳，可谓贵胄之地。金融街商圈、丽泽商务区、南站商圈、中关村科技园丰台园、首都第二机场（现北京大兴国际机场）如众星拱月般矗立四周。纵贯京西南北的地铁九号线、连接中央政务区的万寿路南延线，让中海九号公馆既能隐逸山水间，亦能顷刻回归红尘，这些天然的优势成就了众人渴求的"城市别墅"的最高居住理想。

规划设计时，设计团队与中海地产通力合作，确定了以别墅与高层平层官邸为主的产品体系及总体规划布局。建筑群体北高南低、暗合堪舆，正向布置、姿态端正，尺度开阔、日照充足；人车分流，是无底商、无干扰的纯居住区域，在规划上最大限度地呈现尊贵感及对人的关爱。

在设计户型时，设计团队亦与中海地产开发了分层承载五重生活空间的模式，针对豪宅五重需求，制定空间策略：第一重，彰显尺度的主人生活空间；第二重，功能丰富的家庭生活空间；第三重，配置豪华的接待会客空间；第四重，堂皇富丽的宴会餐饮空间；第五重，品位奢华的私享私藏空间。对应承载豪宅之五重需求的5层平面演化为11项功能

性空间，用大尺度别墅电梯连成一体，实现了空间的秩序性和专属性。

在立面设计方面，设计团队则与合作方深圳市欧普建筑设计有限公司一起深化了中海地产之伊丽莎白皇家建筑的风格定位，总结出伊丽莎白建筑文化的主要特征：造型对称、线脚精致、立面奢华、气势恢宏。选取的主要建筑符号为三角山花、圆形尖塔、八角凸窗、装饰性烟囱、十字交叉坡屋面以及都铎拱。在既定风格定位的基础上，设计团队研究建筑文化特征，抽取其主要文化符号加以合理应用，使得立面安排疏密得当、稳重大气；选取米黄色系石材、深蓝色水泥瓦、古铜色门窗作为主色，使得建筑色调互衬、冷暖相宜。

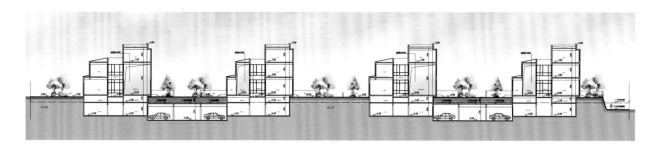

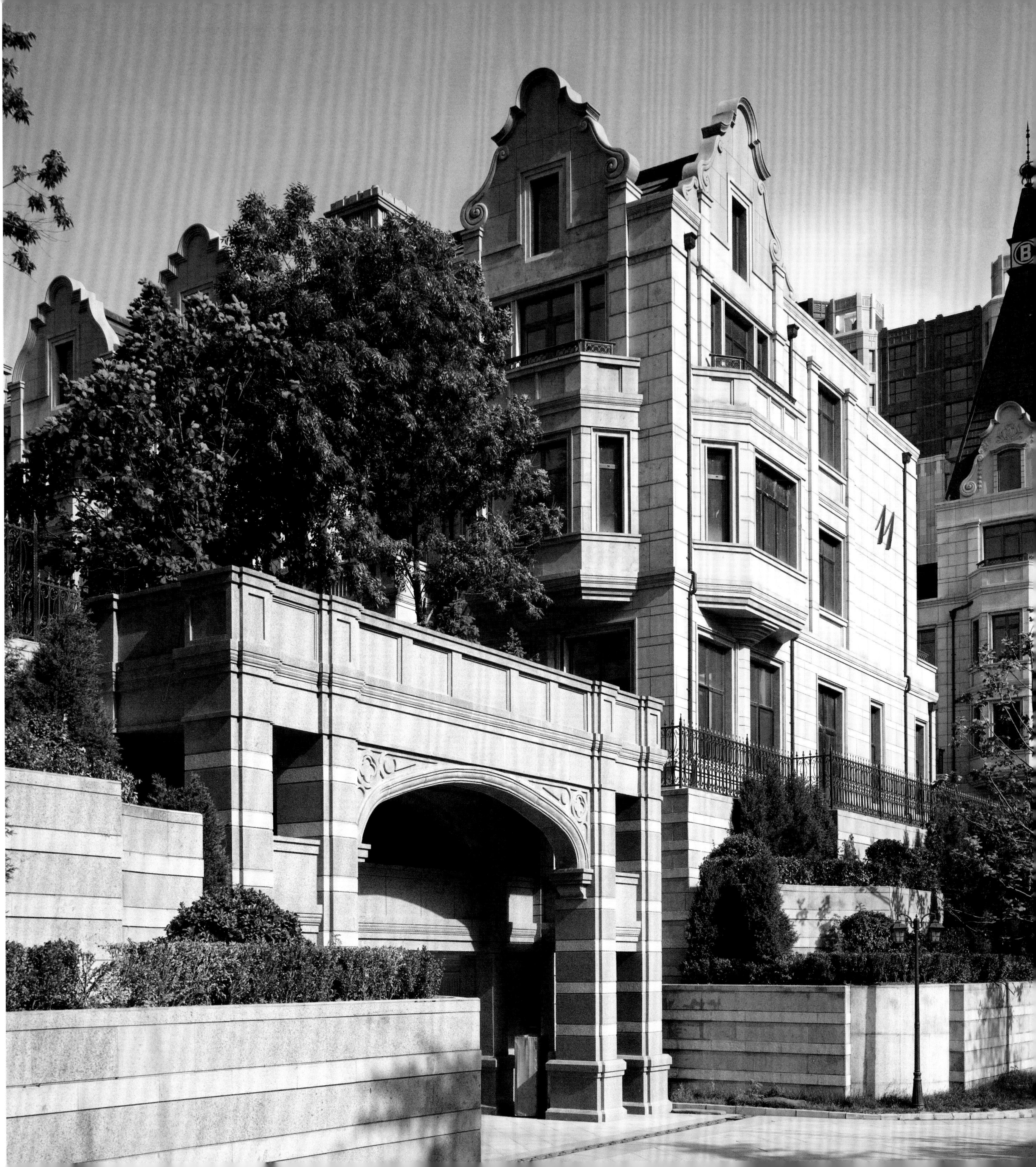

三层平面

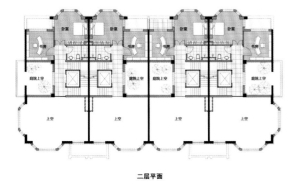

二层平面

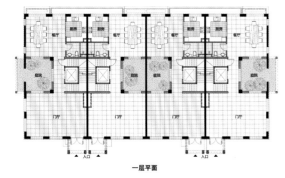

一层平面

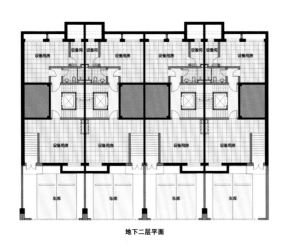

地下二层平面

北京城市副中心职工周转房（北区）

项目经理	刘晓钟
项目总负责人	刘晓钟、尚曦沐、高羚耀
主要设计人员	尚曦沐、高羚耀、王伟、亢滨、冯冰凌、曹鹏、张建荣、王吉、张凤、王漪漪、李兆云、丁倩、王超、王影、王广昊
建设地点	北京城市副中心政务区东北角
项目类型	职工周转房及相关配套（含教育建筑、集中商业建筑和分散性商业建筑）
合作设计方	中国建筑设计研究院有限公司、北规院弘都规划建筑设计研究院有限公司
总用地面积（m²）	25.49 万
总建筑面积（m²）	36.05 万
建筑层数	17 层
建筑总高度（m）	53.95
主要结构形式	装配整体式剪力墙结构
设计及竣工时间	2016 年至今，学校于 2020 年 5 月交付使用

※ 该项目用地共分 12 个组团，地上总建筑面积约 54.2 万 m²。其中北京建院负责 6（配套小学）、7、8、11、12 共 5 个地块

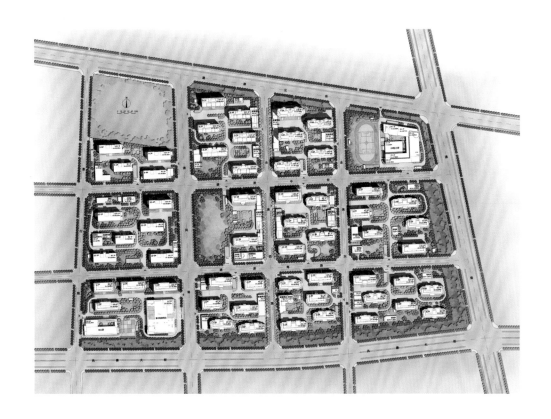

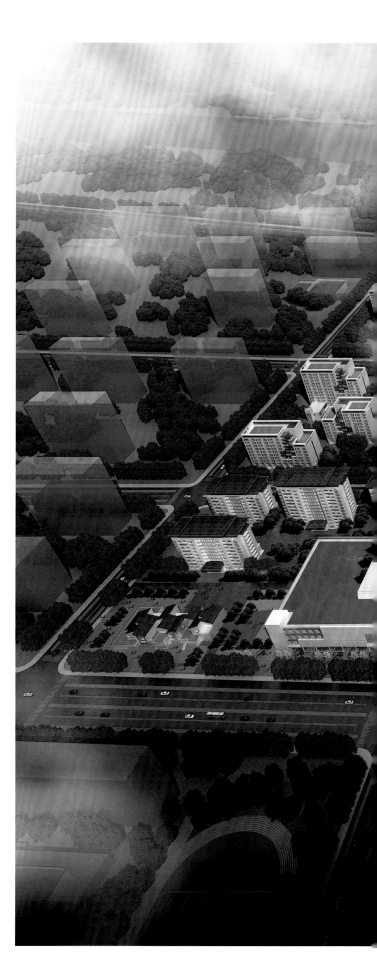

项目简介

北京城市副中心职工周转房（北区）项目位于北京城市副中心域内行政办公区东北角。建设用地 25.49 hm²，总体建设规模约为 96 万 m²，其中地上约为 54 万 m²，地下约为 42 万 m²。项目性质为职工周转房，是北京城市副中心搬迁过程中的重要保障项目。项目含有周转房、配套商业用房、幼儿园、小学等，建设用地总体分为 12 个地块。

设计理念

1. 规划设计

规划设计方案的思路是以"开放式、小街区、组团围合、功能复合"为理念打造活力社区。在规划方案的设计过程中，设计团队重点研究了开放空间系统组织、小街区的划分模式、围合式布局院落的内外空间设计等。

（1）开放空间系统组织的研究。结合地域和历史文脉，项目在用地中设置五大主题院落以映射地域文化鲜明的"三山五园"，通过健身绿廊有机地串联整个社区。

（2）小街区的划分模式。在尊重原有用地划分的基础上，项目结合周边的交通情况、现状、未来发展的趋势以及未来使用人群的生活习惯和出行规律，依据不同的属性划分街道，赋予其不同配套功能。例如尽量将餐饮空间、生活超市等布置在车流量小、对行人更友好的街道上；将自行车租赁点设置在交通属性更强的街道上。这样配置可以使得

整个大社区的运转更合理、更安全，活力更强。

（3）围合式布局院落。设计团队对几种建筑围合的方式进行研究，结合实际情况，明确了建筑＋绿植的围合方式，用地的南北边界可用居住建筑围合，东西边界通过配套建筑去围合，其余用绿植围合，形成整体开放、小组团封闭的社区安防界面。

项目自 2016 年 5 月正式启动，项目总体规划方案最终由北京建院和中国建筑设计研究院有限公司联合设计完成。

2.建筑设计

在初步设计和施工图建筑设计阶段，北京建院负责 5 个地块的深化设计，5 个地块由 4 个周转房地块和 1 个教育用地（24 个班小学）地块组成。

在居住建筑的设计上，设计团队将 4 个周转房地块分为两种风格，在这两种风格的设计中充分考虑装配式建筑的特点，结合中国传统建筑的形式语言——坡屋顶，意在用当代的建筑手段（装配式）结合中国传统建筑的形式语言，表达和传递具有当

地时代特点的建筑语汇。设计团队认为建筑在呈现形式美的同时，还应传递现代性和地域性相结合的理念。作为在副中心区域的新建建筑群体，其设计理念的表达也是一种文化自信的体现。

技术应用

1.装配式建筑

本项目建筑外立面采用瓷板反打技术，是国内最大规模的瓷板反打技术应用项目之一。标准层采

用预制外墙板、内墙板、叠合板楼板、楼梯板。预制率约为54%。

2. 管线分离

主体结构和内装及管线等填充体进行分离，实现管线分离，消除湿作业，摆脱对传统手工艺的依赖，节能环保特征更突出，后期维护翻新更方便。

3. 装配式装修

室内隔墙与室内饰面一体化施工，工期短，现场无湿作业，更环保，维护简单。同时配备智能门锁＋消防监测＋紧急呼救＋除霾＋安防等智能安防环保系统。

4. 地源热泵

地源热泵系统利用土壤所储藏的太阳能资源作为冷热源。地热资源属可再生能源，既可供暖又可制冷，一机多用，一套系统可以代替锅炉、空调两套系统，不仅节省了大量能源，而且减少了设备投资。

5. 太阳能集热系统

本项目拟采用无动力集中热水系统（太阳能蓄能站）。该系统将太阳能的集热、储热、换热功能在一台设备内实现。

该系统不使用其他常规动力驱动，将阳光辐射能量站储藏到热水箱中，并通过管网冷水自身压力完成一次热水到二次热水的热量交换。

由于各楼用水量不同及屋面可布置的太阳能组数不同，各楼太阳能保证率也不相同，保证率介于26%~63%之间。

6. 污物处理系统

污物处理系统采用户内中水处理＋餐厨垃圾处理技术。

7. 太阳能景观灯

为满足园区灯光需求，本项目采用具有仪式感与序列感的景观设计，营造夜间景观灯环境效果；避免电能过大，响应节能号召，将太阳能技术应用于景观灯，突出园区"绿色、人文、科技"的设计理念。

8. 海绵城市的应用

本项目采用下凹式绿地＋透水铺装的方式。

本项目在满足园区景观功能的基础上，营造生态景观，融入海绵城市系统，景观旱溪贯穿全园，增加园区的趣味科普性与季相的多样性。

海绵城市的应用使社区组团内部的雨水得到下渗、溢流、收集、排出处理，从而构成组团内部的海绵模式。

海淀西山锦绣府

项目经理	刘晓钟
项目总负责人	徐浩、钟晓彤
主要设计人员	刘晓钟、徐浩、钟晓彤、郭辉、霍志红、龚梦雅、王晨、乔腾飞、张崇、于露、肖冰、李俊瑾
建设地点	北京市海淀区西北旺镇亮甲店村
项目类型	住宅及配套、商业、办公、文化设施
总用地面积（m²）	10.53 万
总建筑面积（m²）	41.19 万
建筑层数	12 层
建筑总高度（m）	36
设计及竣工时间	2018 年 4 月—2021 年 12 月

项目概况

项目规划用地总面积105 309.909 ㎡，包含5个地块，其中文化建筑地块（0010）容积率为1.0，其余地块容积率为2.0。规划条件要求住宅部分满足70/90政策。住宅主要分为89 ㎡、150 ㎡、180 ㎡ 3种户型，性质为自住型商品房。

设计理念

（1）从城市空间和住宅空间出发，寻求小区中住宅、商业、文化建筑的合理分区和布局，使城市界面具有良好的尺度和丰富的轮廓，同时使居住区内部形成与环境相结合的空间形态。

（2）对外相对独立，对内富有变化，强调邻里概念。

问题分析

（1）本项目建设规模较大，用地分散，容积率较高。

（2）设计中的限制条件多，周围现状住宅距离近、数量多，且其自身日照条件严苛。住宅用地限高为36 m，考虑到户型经济性和实际内外部日照压力，无法充分利用限高，局部甚至只能设计4~5层高的住宅。

（3）开发商金融成本高，要求建设周期短。同时开发商要求最大限度地满足住宅品质要求，压缩公建用地，挖掘项目的最大价值。

（4）本项目采用装配式建筑，商业及办公建筑均为还建，在提升公建品质感的同时需严格控制造价。

Content:

解决方案

（1）规划设计。在不利条件下，设计师充分分析北京市的规划要求，采用点式规则压缩间距，在整体规整的前提下将住宅楼横向交错排布；结合日照棒影图反推，进行规划布局，确定局部区域受限的楼座位置；渐次提升建筑高度，避免影响日照的同时形成丰富的内部空间和沿街界面变化，整体形成内聚的院落居住组团，打造有层次的城市天际线。

（2）单体平面。设计同时强调舒适性和经济性，在满足舒适性的同时，尽量压缩交通走道面积，合理划分动静分区、洁污分区，巧妙安排储藏空间，提升房型使用系数和得房率。每户进户处都有玄关作为过渡空间，避免开门见厅，营造了良好的空间层次效果。设计师对细部设计也进行了深入细致的推敲，结合立面开窗形式全面考虑了空调机位的设置。

（3）立面设计。立面设计以新中式风格为基调，采用现代与传统相结合的手法，营造简洁典雅的中式建筑韵味。建筑立面结合装配式设计理念，强调装配美学，既丰富多彩，又便于高效施工。

（4）交通、景观设计。分地块面积较小，地面交通人车分流，最大限度地争取绿地和活动场地面积。景观环境设计以人为本，强调人的体验，不追求景观的宏大或气派，分不同区域按照不同景观特点进行规划，形成有序列、多层次的景观环境；将大、小尺度的内部景观设计巧妙地衔接融合，同时在大尺度的景观中营造宜人的小尺度景观。

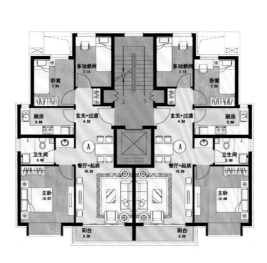

廊坊京汉君庭住宅小区

项目经理	刘晓钟
项目总负责人	徐浩、王亚峰
主要设计人员	刘晓钟、徐浩、王亚峰、钟晓彤、霍志红、张崇、褚爽然、郭辉、王晨、 蔡兴玥、李媛、李秀侠、朱峰延、杨迪、任琳琳、赵蕾、周硕、刘欣、 聂俊琪、王腾、王昊、姚溪、石景琨
建设地点	河北省廊坊市安次区建设南路与二号路交会处
总用地面积（㎡）	10.13 万
总建筑面积（㎡）	28.19 万
建筑层数	地上 27 层，地下 2 层
建筑总高度（m）	规划建筑高度 77.85 m
主要结构形式	剪力墙结构
设计及竣工时间	2016 年 12 月—2018 年 11 月

本项目位于廊坊市安次区，用地东侧的建设南路交通量较大，南侧规划二号路交通量次之，北侧规划纵一路及西侧规划纵九路交通量较小，东南角与富士康园区隔街相望。用地南侧、北侧、西侧为空地。根据项目的开发理念和定位，本项目将被打造为廊坊的示范住宅区。项目的规划设计将以多样化的建筑形态语言诠释宜居和绿色生态社区的新理念。规划方案总体布局充分考虑到对城市的退让及周边用地的退让。本项目沿二号路布置多层住宅，沿建设南路布置层数较少的高层住宅。空间布局形成南北走向及东西走向 2 条主要景观轴线。本着高效与合理的设计理念，行车道环绕住区四周，步行系统通过人行入口进入内部人行系统，实现完全的人车分流。配套公建被安排在居民使用最方便的地方，使它们的位置符合人们的日常活动规律。

整个方案平面布局紧凑、规整，体形系数较小；单元以一梯两户的板式布局为主，户型设计强调采光和通风的重要性，每户的主要房间（起居室）采用剪力墙大开间布局，由 3.6 m 至 4.2 m；主卧开间均达到 3.1 m 以上，

以 3.3~3.4 m 为主，在有限的开间范围内保证了南北通透及良好日照，同时强调舒适性和经济性。户型内部功能分区明确，动静干扰最少。设计团队在保障舒适度的前提下压缩走道交通面积，力求紧凑的布局，合理划分动静分区、洁污分区，巧妙安排储藏空间，提高房型使用系数和得房率。细部设计推敲深入细致，结合立面开窗形式考虑了空调机位的设置。

立面设计秉承古典三段式设计理念，住宅底部采用真石漆，上端以仿砖涂料为主，局部以米黄色仿石材高级涂料加以点缀，整体上给人以稳重、成熟、典雅之美。立面从节能角度出发，选用恰当的开窗比例，采用坡屋顶的形式，勾勒出清晰的建筑轮廓，塑造出建筑特有的庄重古朴之美。

本项目采用建筑结构与保温一体化的设计，地上外墙采用复合混凝土剪力墙（CL 建筑结构体系），在满足廊坊当地产业化建筑发展需求的同时，也增强了建筑的防火性能，延长了外保温层的使用寿命，加快了施工进度。

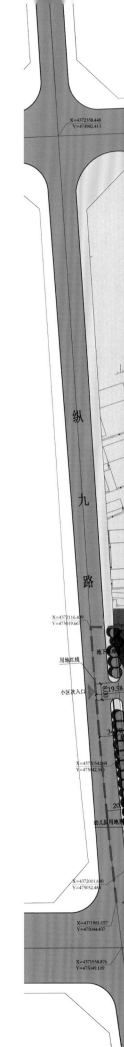

远洋·万和城住区

项目经理	刘晓钟
项目总负责人	刘晓钟、吴静、朱蓉
主要设计人员	刘晓钟、吴静、朱蓉、周皓、马晓欧、王晨、钟晓彤、徐超、丁倩、郭辉、李端端、张妮、刘淼、孙喆
建设地点	北京市朝阳区北四环东路
项目类型	居住类建筑
总用地面积（m²）	8.64 万
总建筑面积（m²）	23.83 万
建筑层数	地上 8~12 层，地下 3 层
建筑总高度（m）	38.65
主要结构形式	剪力墙结构
设计及竣工时间	2007—2010 年

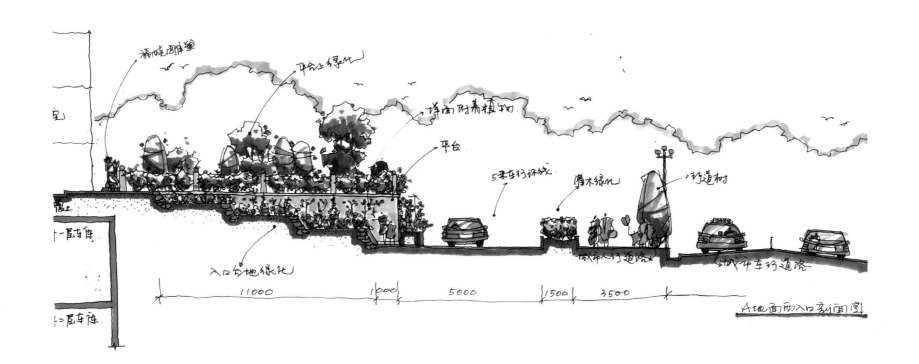

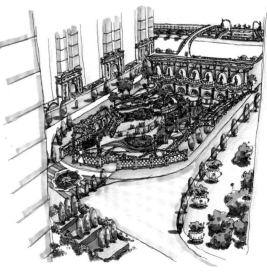

　　远洋万和城 AB 区于 2010 年竣工，是远洋万和系的首个入市产品，无论是规划还是户型设计，在当时都确定了产品系的定位和品质。项目定位为高舒适度居住区，其特色体现在生活环境、生活方式和生活品质等多方面。设计重视邻里关系，加强社区内部联系，创造可识别的社区中心；重视对开放空间的处理；重视住宅设计和整体规划的自然生态；重视居住、休闲、娱乐、商业等功能的混合，建立以公共交通为导向、以行人为基本尺度的道路交通体系，营造理想家园。在城市建设更强调"以人为本"和生活品质的当下，回看十几年前本项目的很多思考和实践都是具有相当强的前瞻性和借鉴价值的。

　　本项目借鉴了南方楼盘底层架空、抬高的做法，发展出刘晓钟工作室第二代平台理念，将小区整体抬高，从根本上解决了人车分流的问题，在小区内部实现人车分层、步行优先的交通体系；同时增强了自身与周边楼盘的差异化，提升了楼盘的整体特色和品质。

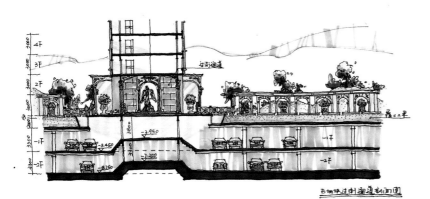

项目的规划设计将诠释"差异化产品社区"的全新理念作为重要关注点，通过住宅产品差异化，充分发掘居住地块容积率和地块功能多样化的优势，规划设计实现中小户型之间、大户型之间及地块之间的差异化，塑造了全新的楼盘特色。

在高容积率下，住宅点式布置具有解决面积压力的优势，同时高层的布局使住区获得大面积绿化空间。绿化空间结合地下车库、小区入口、住宅入口、架空空间整体设计，形成具有不同特色空间的

台地景观。散点布局也可以让住宅获得更好的日照、通风和景观条件，做到空间舒朗不压抑。

规划突破性地提出"将城市公园引入小区"的概念，留出 2 hm² 绿地空间，引入台地花园并结合散点布局的建筑，构建多层次、丰富的社区景观。实现景观最大化和均好性是本项目的一个重要设计原则，所有住户都能享受到大面积景观资源，极大地提升了小区档次，为后期成功销售创造了条件，为同系产品的高品质定位奠定了基础。

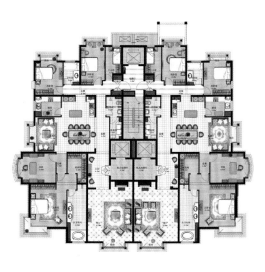

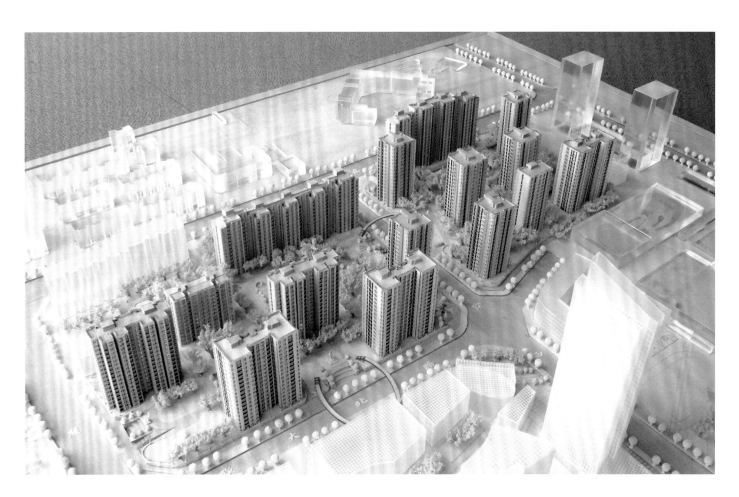

远洋·波庞宫住宅及未来广场商业综合体

项目经理	刘晓钟
项目总负责人	尚曦沐、胡育梅
主要设计人员	刘晓钟、尚曦沐、胡育梅、张羽、王亚峰、 孙喆、张亚洲、刘昀、金陵
建设地点	北京市朝阳区北四环中路
项目类型	商业办公＋居住类建筑
总用地面积（m²）	4.70 万
总建筑面积（m²）	17.83 万
建筑层数	住宅地上 8～12 层，商业办公部分地上 6～19 层；地下 3 层
建筑总高度（m）	住宅 38.65 m／商业办公部分 85.15 m
主要结构形式	住宅，剪力墙结构；商业办公，框架剪力墙结构
设计及竣工时间	2008—2012 年

　　远洋未来广场及波庞宫是一个城市综合体项目，是远洋万和城的一个重要组成部分。地块内规划 1 栋办公商业综合体及 2 栋住宅。

　　总体布局结合万和城整体区域进行考虑，既要保持自身地块内的特点，也应和已建成的区域有所对话，从而形成城市的综合性群体。设计充分考虑与万和城住区的结合，将波庞宫住宅设置在用地北侧，将未来广场办公商业区设置在南侧，沿北四环展开，地块内部利用景观园林形成商业部分与住宅部分之间的分隔。

　　远洋未来广场在 2013 年春节开业，是远洋"未来"系列商业品牌首个产品和标杆项目。项目依托周边居住社区，形成集休闲娱乐、艺术品鉴、文化交流等功能于一体的一站式时尚型全方位购物广场。商业部分采用内街模式，预留较大面积的开放商业空间，不仅在十年前具备比周边商业区更为灵活的运营优势，而且在体验商业成为热点的当下为营造"慢生活"的线下多样商业体验提供了空间条件。

　　为了明确表达与 A、B 区住宅的品质差异，远洋波庞宫住宅采用法式立面风格，无论从细节处理还是从用材和施工，都表达了区位和品牌应有的高端属性。作为整体项目，未来广场延续简洁经典的新古典主义风格，与住宅部分相协调，形成了明确的城市形象。

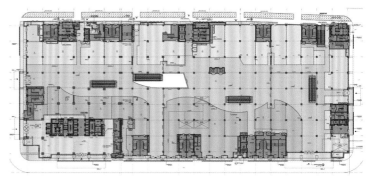

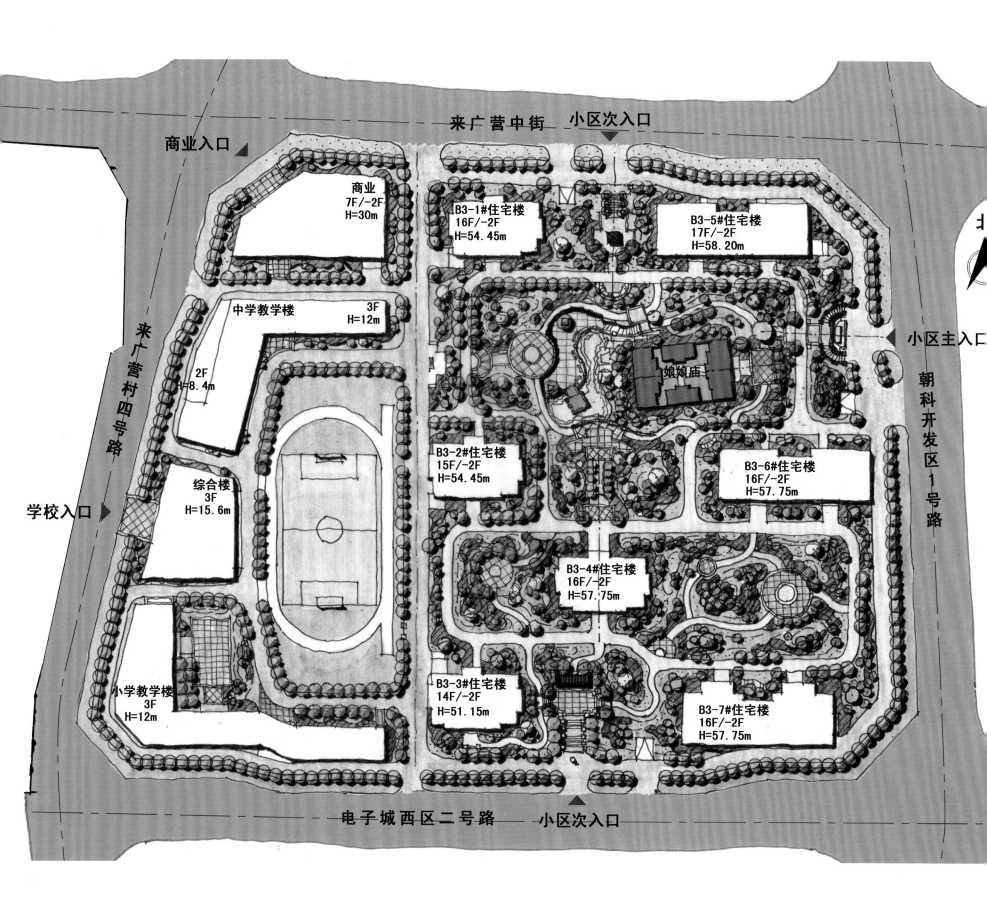

商业入口 ◣

商业
7F/-2F
H=30m

中学教学楼   3F
                      H=12m

2F
H=8.4m

综合楼
3F
H=15.6m

学校入口 ▶

小学教学楼
3F
H=12m

来广营村四号路

来广营中街   小区次入口 ▼

B3-1#住宅楼
16F/-2F
H=54.45m

B3-5#住宅楼
17F/-2F
H=58.20m

娘娘庙

小区主入口 ◀

B3-2#住宅楼
15F/-2F
H=54.45m

B3-6#住宅楼
16F/-2F
H=57.75m

B3-4#住宅楼
16F/-2F
H=57.75m

朝科开发区1号路

B3-3#住宅楼
14F/-2F
H=51.15m

B3-7#住宅楼
16F/-2F
H=57.75m

电子城西区二号路   小区次入口 ▲

望京金茂府

项目经理	刘晓钟
项目总负责人	刘晓钟、吴静
主要设计人员	吴静、张宇、赵蕾、张凤、赵楠、丁倩、孙维、王腾
建设地点	北京市朝阳区来广营中街
项目类型	住宅
总用地面积（㎡）	3.25 万
总建筑面积（㎡）	12.30 万
建筑层数	地上 17 层，地下 3 层
建筑总高度（m）	58.2
主要结构形式	钢筋混凝土剪力墙结构
设计及竣工时间	2012—2015 年

设计理念

项目以"大平台式场地"设计将小区整体抬高，在小区内部实现人车分层、步行优先的交通体系，同时增强了自身与周边楼盘的差异，使整个小区景观空间被置于平台载体之上。6 m宽的区内环形路、1.5 m宽的绿化隔离带、3.5 m宽的人行道形成 3 个层次的空间过渡，增加了城市道路周边的景观层次。对 2.75 m 高的平台进行绿化设计时，设计人员在小区主入口、道路交叉口、消防车道入口等处做重点处理，采取台地绿化、坡地绿化等多种手法，使环平台的景观实现多层次的、步移景异的空间效果。绿化平台不仅为小区内外的居民提供了本区域新的景观亮点，而且形成了小区自然围合的私密空间，为本小区居民提供了更加清静、舒适的居住环境。

技术难点

对于周边环境，设计团队提出了"绿化平台"理念，使小区台地景观同时服务于小区内外的居民，成为居民共享的城市花园；针对目标市场，提出"差异化产品社区"的全新概念，考虑多元化产品结构形态，通过差异化充分挖掘居住地块的土地价值。设计团队通过对户型与景观的关系、内部居住流线、人性化设计、冷热源系统、节能措施等的一系列研究，完成了对如何打造绿色生态型高品质社区的应答。

技术创新

（1）先进的冷热源系统。冷热源采用地下锅炉房内燃气真空锅炉 + 螺杆热泵机组，为小区住宅提供冬夏冷热源及配套公建冬季热源；住宅户内采用温湿度独立控制系统（毛细管网辐射空调 + 热回收独立新风除湿机组）；住宅设全热回收新风换气除湿热泵机组，在地下及屋顶设置新风机组，新风由核心筒竖风道送至各层住宅户内，通过户内分风箱及埋地风管分配至各房间。

（2）完善的节能措施。空调一次冷热水采用一次泵变流，冬夏均采用 7℃大温差运行；住宅新风机组设置显热回收装置，热回收温度效率夏季不小于 60%，冬季不小于 65%；夏季利用空调冷凝热提供生活热水热源；过渡季利用地源水提供生活热水热源；设置供热量自动控制装置，根据室外气候变化调节供暖热源温度。

东西横剖分析图（地下会所－下沉广场－娘娘庙－地下车库－主入口断面图）

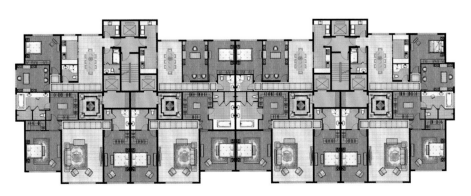

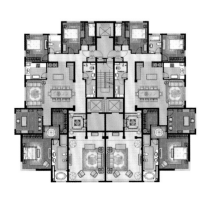

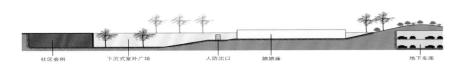

社区会所　　　　下沉式室外广场　　　　人防出口　　　　娘娘庙　　　　　　　　　地下车库

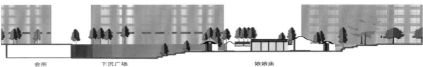

会所　　　　　　下沉广场　　　　　　　　　娘娘庙

秦皇岛香玺海

项目经理	刘晓钟
项目总负责人	刘晓钟、姜琳
主要设计人员	崔伟、孙博远、王晨、李俊志、赵泽宏、刘洋、 邓伟强、刘子明
建设地点	河北省秦皇岛市海港区金梦海湾
项目类型	住宅、商业、公寓
总用地面积（m²）	6.82 万
总建筑面积（m²）	16.04 万
建筑层数	28 层
建筑总高度（m）	98.55
主要结构形式	框架剪力墙结构
设计及竣工时间	2010—2015 年

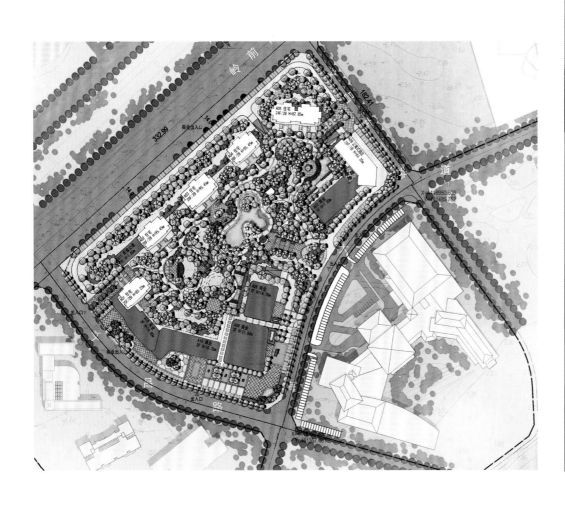

项目说明

本项目位于河北省秦皇岛市金梦海湾沿线，为滨海新区核心区域。秦皇岛滨海新区作为城市海景资源丰富、潜在价值极高的地区，将发展成城市综合价值最高的地区之一。因此，对于位于金梦海湾地区核心位置的 4 号地块来说，使其具有一个高起点、高水平的规划，是秦皇岛滨海新区塑造滨海特色的重要内容。

金梦海湾 4 号地块总用地面积 6.82 万 m²，地上总建筑面积约 11 万 m²，容积率 1.92；用地北侧是秦皇岛滨海新区重要的景观大道岭前街，东侧为新区的核心办公区，南侧为香格里拉酒店，西侧为高档住宅区。

在做用地总体规划时，设计团队既充分考虑人们对海景的视线要求，同时又对周边环境给予充分考虑，与用地南侧的香格里拉酒店共同围合出一个总面积超过 2.6 万 m² 的中心景观绿地，绿地中心区由景观平台构成，满足停车功能需求的同时隔绝干扰。景观平台延伸出人行步道，连接不同标高的入口。中心景观区为开放的区域，集合多功能室外游泳池和半开放私属空间。场地景观空间采用互换、转移、连通、过渡等方式，用水系相串联，

借用广场、绿地、水景、草坡等空间方式，增加空间的开放性、趣味性、生态性、可参与性以及文化内涵。建筑形态的选取考虑最佳观景视线的布局方式和自然淳朴的风格，实现建筑与周边建筑、滨海海景的有机融合。

建筑立面设计采用"水滴"设计元素，隐喻水体的流动，体现贯穿方案始终的最重要元素——海景。纯净的几何单元起到联系内外空间环境的作用，挺拔的建筑单体被隐含的直线线性连接，立面上顺应流体形状的几何元素有韵律地穿插，构成主体形态。

青岛银丰·玖玺城

项目经理	刘晓钟
项目总负责人	徐浩、郭辉
主要设计人员	刘晓钟、徐浩、郭辉、钟晓彤、张崇、乔腾飞、霍志红、于露、龚梦雅、肖冰
建设地点	山东省青岛市崂山区香港东路
项目类型	居住建筑及居住区规划
总用地面积（㎡）	6.58 万
总建筑面积（㎡）	30.59 万
建筑层数	31 层
建筑总高度（m）	97.8
设计及竣工时间	2017 年 7 月—2019 年 9 月

项目概况

基地西临浮山，南接石老人海水浴场，自然优势得天独厚，无法复制。项目占地约 6.58 hm²，容积率 3.66，地上建筑面积 240 750 ㎡；基地西高东低，高差较大。

通过最大化的景观资源、订制化入户系统、阳光车库及地下大堂、尊享生活的专属空间等优越配置，打造青岛绝无仅有的本土山海大宅，是本项目的规划愿景。

设计说明

基地地形复杂，高差较大。设计团队深入挖掘山海资源，推敲建筑群体与浮山山体的空间关系，寻求山与建筑的完美融合，预留通山视廊，合理确定建筑的体量和高度，以期创造优美的天际轮廓线，并符合《青岛市城市风貌保护条例》的要求。

1. 规划

为了最大限度地挖掘项目的土地价值，打造纯粹圈层的顶级体验，设计团队反复调整产品规划。常规兵营式的排布效果不佳，最终，设计在限高条件下，采用大高层＋中高层的产品搭配，选择大围合形式，在中心区设置大尺度的中央花园，将社区公共生活和园林绿化紧密结合，创造了可休憩、可交流、可运动、可遛宠、可赏花的乐活社区，让都市白领在这里既能享受自然的野趣，又能感受内心的静谧。设计围绕"围合中庭、生活园景、阳光社区"三大主题展开，布置归家流线，打造宜居的社区氛围。

设计团队采用优化建筑形态、使局部渐层呈现的方法，使沿路建筑高低错落，采用清晰的多层次规划结构、全覆盖的综合配套系统，营造出一片高品质生活区，提升整个片区的风貌与价值，也为青岛塔尖人群打造极致奢居体验。

在景观设计上，设计团队以现代元素为主，融入本土文化，采用"一轴·两环·三礼·八庭"的层次结构与布局，打造随时恭候每一位业主的奢华归家礼序。

　　2. 产品

　　项目立足纯粹圈层社区，打造阶梯产品分布体系，满足不同客群的需求，大面宽、宽厅、端厅等提升尊贵感，彰显生活品质；从地下尊享礼仪入户，到首层奢华候梯空间，再到标准层私享礼仪入户，让居者悠享舒适生活。

　　3. 造型

　　公建化立面简洁有力，打造国际化高端形象。设计团队通过运用传统美学法则使现代的材料与结构产生规整、端庄、典雅的安定感，创新、引领时代审美，在细节把握上力求简约、纯粹与精致。

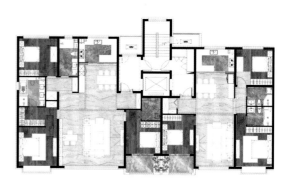

京汉铂寓

项目经理	刘晓钟
项目总负责人	尚曦沐、胡育梅、徐浩、亢滨
主要设计人员	刘晓钟、吴静、尚曦沐、胡育梅、徐浩、金陵、刘乐乐、左翀、亢滨、郭辉、褚爽然、乔腾飞、李世冲、张亚洲、孙喆、张龙、杨秀锋、马健强、欧阳文、李秋实、王健、冯千卉、龚梦雅、于露、周硕、刘洋
建设地点	河北省廊坊市香河县
项目类型	居住建筑及居住区规划
总用地面积（㎡）	10.13 万
总建筑面积（㎡）	20.67 万
建筑层数	地上 28 层，地下 3 层
建筑总高度（m）	80.95
主要结构形式	剪力墙结构
设计及竣工时间	2014—2018 年

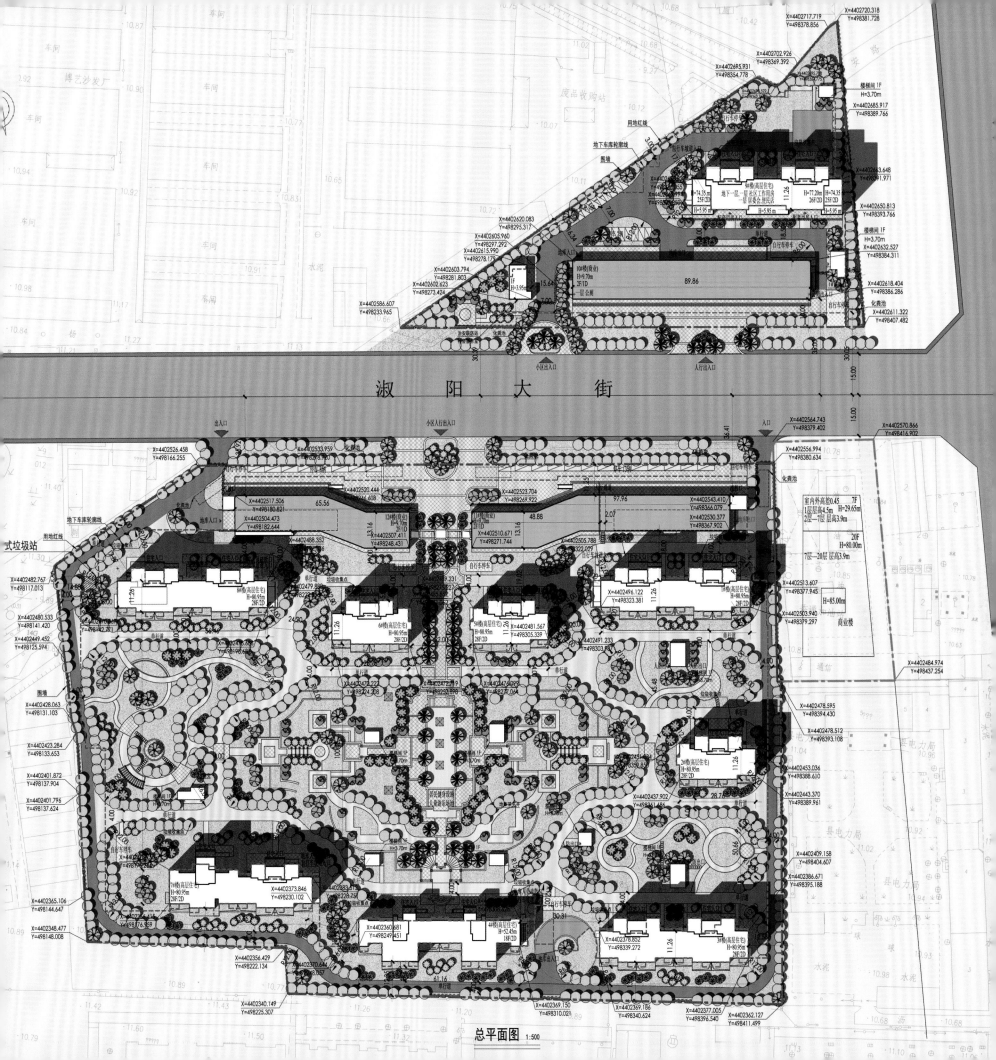

总平面图 1:500

　　设计团队以建设宜居性、生态型、智能化的居住环境为目标，以营造舒适人居环境为出发点，合理运用先进的规划设计理念和设计手法，构建平面布局合理、配套设施完备、生活环境优美的居住生活社区。住宅楼风格统一又高低错落，形成丰富的立面形态。设计体现低碳、和谐、生态的核心理念。

　　住区主体规划结构呈现多组团多中心格局。空间布局为了更好地体现居住品质与环境，合理设置18层、26层、28层高层住宅。交通规划充分体现了人性化的设计理念，人车分流，根据"通而不畅，顺而不穿"的原则，住区内采用环状路网结构，地块内道路由环状主路分出若干支路通达各单元入口。

　　相比传统户型，本项目将交通核独立出来，使南北方向面宽均得到充分且有效的利用。户型设计强调采光和通风的重要性，每户主要房间在有限的开间范围内保证了南北通透及良好日照，同时强调舒适性和经济性。各居室空间完整，动静分离，户内交通占用空间较小。首层户型为下跃户型，带露天小院。高层通廊在满足防火规范的同时，通过独立交通核相连，避免对相邻住户的私密空间和生活造成影响，同时又使公共交通及观景空间相对独立。

　　立面采用简约、时尚的现代风格。建筑体形简洁、活跃，具有鲜明的时代感。细节处理避免过多使用装饰构件，通过不同色彩、材质的穿插和构成体现出建筑本身的形式美。外墙材质采用多色涂料、真石漆组合，搭配装饰柱。建筑形象有一定的创新性，给人以沉稳、端庄、典雅、精致的美感。色彩以柔和明快的暖色调为主。细部注重虚实搭配，细节变化丰富。

　　景观设计包括中心花园景观、楼间景观、景观节点等的设计，有纵向景观主轴和横向景观渗透。小区主入口视线通廊区、步行街区、中心广场、集中绿地、围合庭院为环境设计重点，以提升居住品质。主入口的建筑形式和建筑主体相呼应。步行街区根据柱网的结构布置景观空间，为后期商铺的经营提供更多的可调整空间。中心广场和集中绿地形成多层级的台地景观效果，并通过铁艺廊架等细节的处理，提升亲人尺度景观空间的可观性、可游性。

　　住区机动车全部采用地下停车，保证了较高的绿地覆盖率。地下车库出入口尽量靠近小区出入口设置，以尽可能减少住区内机动车的地面交通。建筑师本着节约土地、空间和社会资源的原则，创造舒适的小区内居住和公共交往空间，建立以"绿色"和"宜居"为中心的自然景观系统；结合景观不同位置的种植土厚度要求，抬高地下多层机械车库局部层高，增加机械车位数量，实现建设成本和经济效益的双赢。

远洋万和公馆 8 号楼

项目经理	刘晓钟
项目总负责人	尚曦沐、张羽
主要设计人员	尚曦沐、胡育梅、张羽、刘昀、张亚洲、马健强、欧阳文、左翀
建设地点	北京市朝阳区望京
项目类型	居住建筑
总用地面积（m²）	4.0 万（万和公馆整体用地面积）
总建筑面积（m²）	2.94 万
建筑层数	地上 19 层，地下 2 层
建筑总高度（m）	80
主要结构形式	钢筋混凝土框架剪力墙结构
设计及竣工时间	2013—2016 年

该项目用地位于大望京 CBD（中心商务区），万和公馆地块东部，与万和公馆地块为一个整体。项目交通便利，东临新望京干道，南临大望京二号路，北临北小河南滨河路，且距离地铁 15 号线预留站口 50 m。用地周边景观条件优越，南侧为近 40 m 宽的城市绿化带，东侧为 CBD 核心区景观带，西侧为万和公馆中心景观，北侧为北小河景观带。由于建设用地形状极不规则，用地内有地铁 15 号线穿过，而项目的基坑已经开挖，因此方案需要合理解决这些限制条件。

设计首先基于已形成的基坑条件，充分合理利用地下空间，统一规划建筑空间布局，最大化利用内部景观资源，并与已建好的万和公馆相协调。用地内南北向布置两栋高层住宅，采用东西向错位布局，形成形象鲜明的双子座，减少了日照和景观遮挡，也规避了对用地西侧园区住宅的日照和视线影响。错动的建筑布局成为对万和公馆地块整体规划的收尾，与原有规划形态统一且更加完整。两栋塔楼之间设置商业裙房，商业沿城市道路设置，最大化利用城市延展面，提高商业价值。

住宅楼主体为"凸"字形平面，核心筒位于北侧，主要使用空间位于东、西、南 3 个方向，保证居住空间良好的日照、通风和景观效果，户型设计满足整体使用和灵活划分的要求。商业裙房沿城市道路布置，具备灵活划分店铺的条件。

地上部分共 19 层，主要包括居住和商业功能。居住楼主体 19 层，分两栋楼，商业用房位于两栋楼之间，为一层。居住区入口位于建筑北侧正中，通过独立入口大堂可进入楼内。商业入口结合地铁出入口统筹考虑，沿东侧道路布置。各功能流线得到有效组织，互不干扰。入口都留有足够的前区空间，便于人流组织和景观设置。地下部分为 2 层，主要包括汽车库及设备、电气机房等，并设置直通居住楼层的大堂。

建筑主体为 Art Deco 风格，与万和公馆地块新建住宅整体相协调，规划一致，并通过与周边写字楼现代建筑风格的差异化，展示自身形象，增强标识性。建筑立面注重不同层次的细部处理，建筑顶部和底部得到重点考虑，增加了建筑远观、街景及近景的不同层次视觉效果，提升了建筑立面的整体品质，同时也满足建设方对高档住区的市场化需求。

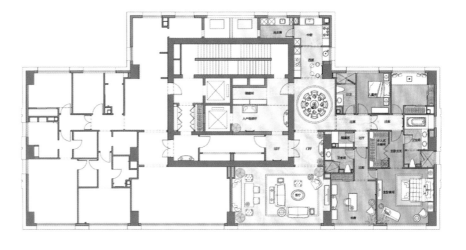

首开国风尚樾

项目经理	刘晓钟
项目总负责人	刘晓钟、吴静、姜琳
主要设计人员	刘晓钟、吴静、姜琳、曹鹏、张凤、孙博远、赵泽宏、
	杨秀锋、王超、高羚耀、王伟、张立军、孟祥昊
建设地点	北京市朝阳区南湖北一街
项目类型	居住建筑
总用地面积（m²）	2.44 万
总建筑面积（m²）	7.49 万
建筑层数	地上 19 层，地下 3 层
建筑总高度（m）	3~58
主要结构形式	剪力墙结构
设计及竣工时间	2010—2019 年

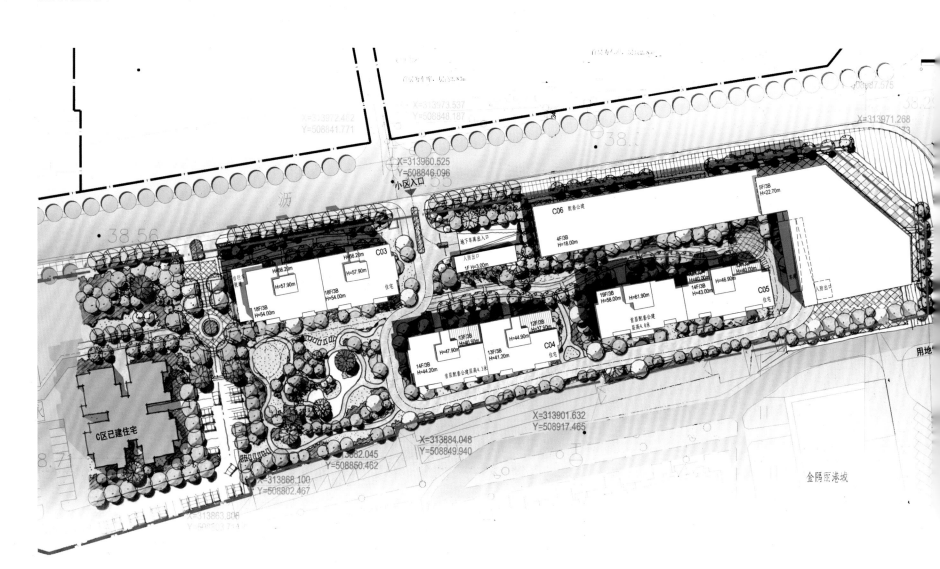

本项目位于朝阳区望京地区，北临南湖北一街，东至南湖南路，南至金隅丽港城，西至首开知语城小区 C1#、C2# 楼。南湖北一街北侧为星海明珠小区及南湖中园小学。用地东西长约 210 m。项目内共计 4 栋楼，为 3 栋住宅和 1 栋配套公建。

本项目的设计难点在于场地南北进深较小，周边均为已建成状态，场地的限制条件较多。在条件较为苛刻的情况下，设计重点、难点在于既要保证户型的品质，又要满足消防、日照等规定要求。设计团队在楼栋排布及户型方面进行了精细化设计，合理地设置层高，最大化利用可建设高度，局部采用退台的手法。

住宅楼居于场地内部，配套公建位于地块东北角，沿街角布置。社区主要人行出入口位于场地北侧，东侧开设次入口，配套公建沿街开放。社区设机动车出入口 2 个，分别位于场地北侧主入口附近和东侧配套公建西侧，内部交通组织方式为人车分流，机动车直接进入地下车库，内部道路仅为消防

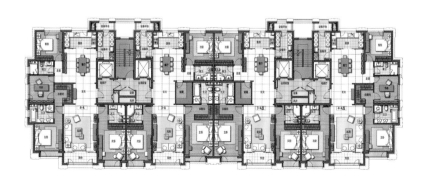

环路，业主在地下通过电梯直接入户。3# 楼人行单元入口为南入口，4#、5# 楼的均为北入口，3 栋住宅楼均有挑空单元大堂。

外立面采用简洁的新古典风格，浅米色调，更符合高品质的定位，与周边区域相协调。三段式划分削弱了建筑的体量感，精致的石材线脚和适宜的开窗比例增强了尺度感。设计团队运用色彩变化演绎门头装饰，精致的铭牌、门环、壁灯以及门前金属雕塑，柱子的流线、门墙顶饰等细节利用不同材料或装饰纹样进行多样性演变。立面造型采用干挂石材，局部考虑荷载等因素采用了铝板转印的技术，减轻荷载，便于施工，同时在小区入口、住宅单元入口做重点处理，保证立面效果的一致性，烘托仪式感、尊贵感。

国风尚樾项目以智能家居及智慧社区方案为亮点。智慧家居控制系统包含窗帘控制系统、外卷帘控制系统、温度控制系统、空气质量管理系统、太阳能热水控制系统、能源监控系统、场景切换系统、六道安防系统、可视对讲系统等。

本项目已获认证及奖项

（1）绿建三星设计标识认证；

（2）绿建三星运营标识认证；

（3）美国 LEED 金级认证（类别：LEED-NC 新建建筑）；

（4）住宅全装修评价标识五星级证书；

（5）2021 年北京市优秀工程勘察设计奖、住宅与住宅小区综合奖一等奖。

廊坊新世界家园

项目经理	刘晓钟
项目总负责人	刘晓钟、高羚耀、张凤
主要设计人员	刘晓钟、高羚耀、张凤、张建荣、许涛、孟欣、李端端、石景琨、惠勇
建设地点	河北省廊坊市北凤道北、银河北路
项目类型	住宅建筑
总用地面积（㎡）	13.39 万
总建筑面积（㎡）	36.66 万
建筑层数	地上 7 层 /12 层 /25 层，地下 2 层
建筑总高度（m）	79
主要结构形式	剪力墙结构
设计及竣工时间	2005—2015 年

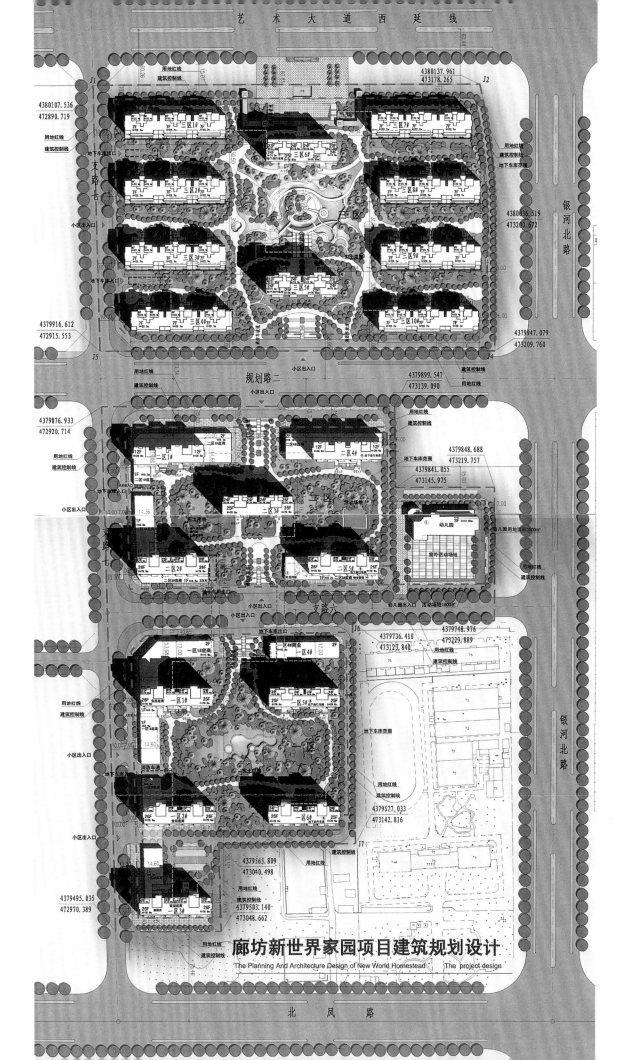

廊坊新世界家园项目建筑规划设计
The Planning And Architecture Design of New World Homestead   The project design

廊坊新世界家园位于廊坊市尖塔片区，北面为城市绿化带，东面为银河北路，南接北凤道，西面为城市规划道路，南边为特殊教育学校。规划用地分为 3 个地块，总规划面积为 13.39 hm²，建筑面积为 36.66 万 m²，限高为 80 m，容积率为 2.0，绿地率大于 35%。

本项目采用"生态住宅设计"理念和"新城市主义住宅区"理念进行住区的整体规划，积极营造绿色宜居社区。

规划突出两个重点

1. 多组团多中心的功能分区

规划将 3 个地块分为 3 个不同的组团，北侧紧邻绿化带的为环境较好的洋房和楼王区域，中间和南侧为小高层和高层区域，形成多组团多中心格局。设计既保证了每栋楼有自己的专属休闲用地，而且每个区有大型的公共绿地空间。

2. 丰富的立体交通体系

该项目在规划设计中采取了有效的人车分流体系。停车在地下，人行在地上。车库出入口就近设计消防通道，步行系统与消防车通行系统采用不同的竖向标高，步行系统通过组团入口大台阶上到平台上部，交通系统实现完全的人车分流，为居民创造了一个宁静、安全的生活环境；设计还充分考虑了方便残疾人使用的设施。

3. 合理的公共建筑布局

幼儿园布置在中部相对安静的区域，并有良好的室外活动场地。幼儿园的独立设置既保证了小区服务

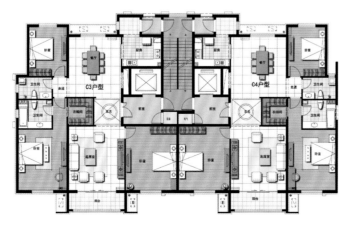

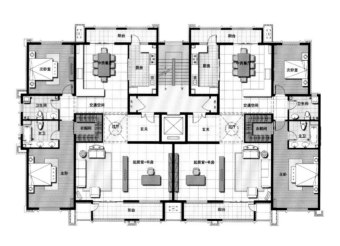

半径，又缓解了家长接送孩子高峰期的拥堵情况。

商业配套位于中间区域东西方向的市政路上，平面设计既考虑了小型商铺空间的设计，同时也留了一定比例的大型商业空间。

4. 台地式景观设计

该项目最大的亮点在于引进"台地"概念，以达到节能和降低造价的目的，形成以"绿色"和"宜居"为特色的台地立体景观系统。设计团队通过对地形、地势的分析，在设计中利用道路景观将组团抬起一定高度，经过合理的覆土及绿化景观设计，形成绿意盎然的"台地岛屿"。

二、单体设计注重细节

1. 平面布局

建筑单体的平面布局力求紧凑、规整，减少凹凸，减少体形系数，力争做到户户朝阳，强调采光和通风的重要性，最大化节约能源。单体设计强调楼型与户型的匹配性，将不同层级的楼型布置在不同的组团内，既保证了总图布局的纯粹完整，同时也减少了不同户型组合在一个楼层内得房率差距过大的问题。

2. 户型设计

90 ㎡以下的户型以两居为主，120~150 ㎡的户型以观景舒适型三居为主；160~180 ㎡的户型以观景型大三居为主。洋房户型为 180~190 ㎡，顶层为跃层户型。整个项目 90 ㎡以上户型占 88.19%，90 ㎡以下户型占 10.66%，廉租房面积占 1.15%。

3. 立面设计和平面设计

整个项目全区立面设计为简欧现代风格，花园洋房为经典的四坡屋顶设计，浅灰绿色的屋面与周围大面积绿化景观融为一体，建筑像是生长在城市中。外立面采用太阳能集热器、遮阳板作为立面设计语汇。

石景山京汉东方名苑

项目经理	刘晓钟
项目总负责人	刘晓钟、徐浩、亢滨
主要设计人员	刘晓钟、徐浩、亢滨、石景琨、龚梦雅、乔腾飞、 李媛、李秀侠、周硕、吴建鑫、尹迎、卜映升
建设地点	北京市丰台区体育场西路
项目类型	住宅
总用地面积（㎡）	3.50 万
总建筑面积（㎡）	14.38 万
建筑层数	住宅 21 层 / 配套 2 层
建筑总高度（m）	60
主要结构形式	钢筋混凝土
设计及竣工时间	2014—2016 年

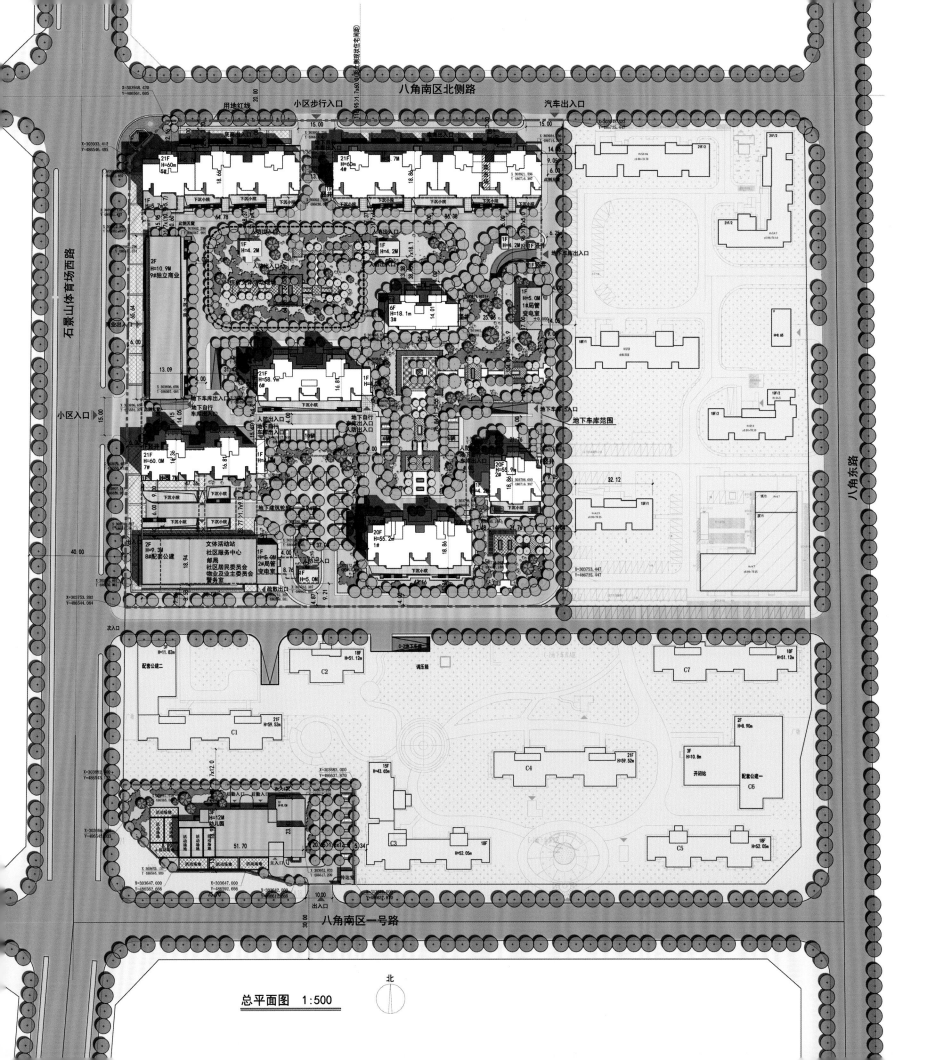

总平面图　1:500

北

项目概述

项目位于石景山体育场西路，东距西五环路800 m，北距长安街西沿线500 m；距八角游乐园地铁站1 200 m，距古城地铁站1 200 m，用地位置交通十分便利，居住用地占地面积约3.5 hm²，托幼用地占地面积约0.33 hm²。

规划理念

为了最大限度地挖掘项目土地价值，打造纯粹圈层的顶级体验，设计团队反复调整产品规划。设计充分利用限高，规划突出整体围合感，方正的地块打破均质平直感，形成有机生长的多处大尺度景观。设计讲究线条的简约质朴，注重建筑的流线，做到步移景异。内外景观渗透，为人们营造一个更为广阔的美好公园。

社区采用人车分流的形式，车子在入口直接进入车库，最大限度地减少区域内通行的车辆对景观的干扰，从而创造宁静安全的居住氛围。整个小区为完全步行系统，住宅与景观相互连接，为居住者提供了完善、安全的户外休闲空间。

单体设计

设计团队综合考虑既能够吻合项目以及客群需求，同时能兼顾成本优化的方案，最终决定采用新古典主义风格彰显建筑的尊贵、典雅和庄重。在壁柱及窗槛墙处理中，设计团队简化古典元素烦琐的进退关系，增加相应建筑细节，着重刻画近人尺度的细节与材质，体现建筑整体品质感。设计选用暖黄和咖色搭配仿石表面的纹理与颗粒质感，形成一种精致的秩序感。外立面采用土建外墙＋仿石喷涂＋EPS线脚的做法，实现了非常不错的效果，完成精细化立面细节。门头部分也是完整归家动线中的一个闭环，精细的思考、人性化设计，给予归家人群以温暖的体验。

户型设计强调南北通透，最大限度地保证房屋的通风，同时，尽量增大南向观景面宽，满足户型方正、空间布局舒展、厨卫精细化等设计要点。

北京电影洗印录像技术厂北三环中路住宅

项目经理	刘晓钟
项目总负责人	刘晓钟、曹亚瑄、亢滨
主要设计人员	刘晓钟、曹亚瑄、亢滨、郭辉、乔腾飞、龚梦雅、于露、周硕、吴建鑫、陈晓悦、 丁倩、杜凯、王吉、王腾、赵蕾、孙喆、王路路、卜映升、尹迎、杨忆妍
建设地点	北京市海淀区北三环中路
项目类型	居住建筑及居住区规划
总用地面积（m²）	4.57 万
总建筑面积（m²）	19.8 万
建筑层数	20 层
建筑总高度（m）	62
设计及竣工时间	2012—2019 年

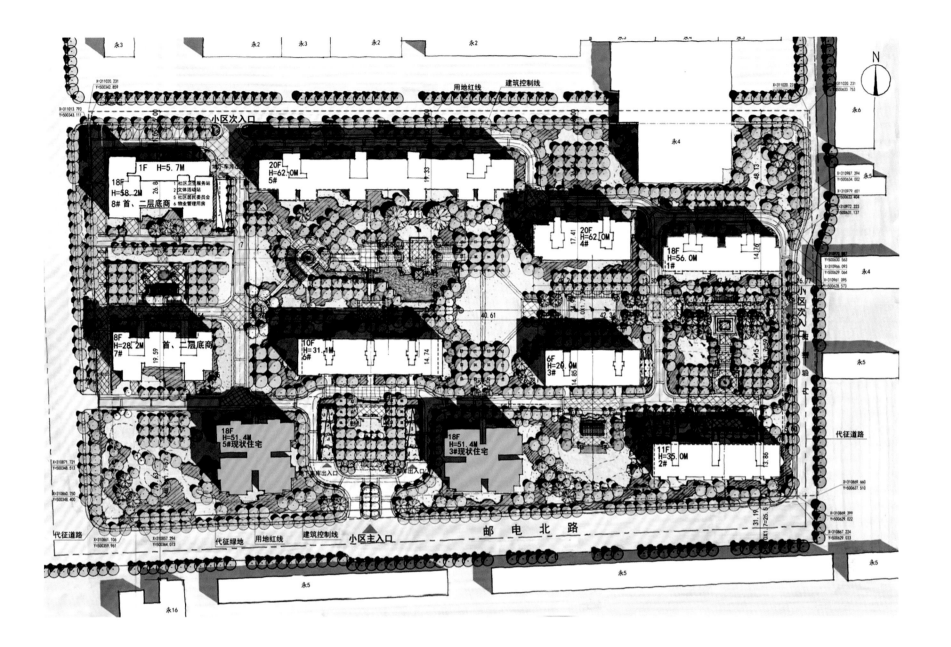

规划理念

规划力求分区明确合理，在有限的用地内创造优美、精致、舒适的生活空间，以建设宜居性、生态型、智能化的居住环境为目标，以提高居民生活质量、营造舒适人居环境为出发点，合理运用先进的规划设计理念和设计手法，构建整体一致、系统完善、简洁流畅、疏密有致的环境空间，使社区具有较高的文化、艺术品位。

问题与分析

1. 尊重原有历史，保护古树木

结合现状实土绿地及景观的设计，设计团队尽力保留这些古树和厂区特有构筑物，让老居民有可追溯的历史情感，并尽可能在道路设计、建筑规划、车库范围设计时，最大限度减少对原有古树的破坏。

2. 现状建筑及室外管线复杂

新建筑尽可能对保留建筑合理退让，同时要保证新建住宅在施工实施阶段，现状住宅可正常使用。

3. 新老建筑规划和景观的一体设计

保留的现状 3#、5# 住宅楼和新建住宅融为一体，并在小区景观设计时一体考虑，保留一些老厂区的标志构筑物，提升了保留住宅的环境品质。

4. 车库共用

新建车库的地下连廊与保留住宅相连接，保证

现有居民能够方便使用。

设计说明

规划设计秉承稳重、均衡原则，充分挖掘和展现项目所处地段的环境特征，突出项目特点，利用基地得天独厚的自然资源，在规划布局上由南至北从低到高布置建筑，考虑日照及沿街建筑对城市的影响，以错落有致的平面布局创造多样化院落空间，并形成高低错落的天际线，保证中心花园的品质及各组团景观的均好性。

本项目平面布局紧凑，体形系数较小，户型设计强调采光和通风的重要性，主卧室开间均达 3.3 m 以上，在有限的开间范围内保证南北通透及良好日照，同时强调舒适性和经济性。户型内部合理划分功能分区、动静分区、洁污分区，提高户型使用系数。住宅建筑层高 3.0 m。

立面设计在吸收欧式古典建筑的设计风格基础之上，融入鲜明的时代精神，强调典雅、尊贵与稳重。整体造型通过简洁有力的竖向线条表现出挺拔有力的建筑内涵，细部处理丰富且精致，采用以褐色、浅黄色、深灰色为主的色彩基调，建筑外墙采用仿石涂料饰面，以虚实对比的手法塑造建筑挺拔向上之感，以简约、时尚、尊贵的形象激发社区居民的自豪感和归属感。

北京市通州区潞城镇棚户区改造土地开发
BCD 区后北营西北角地块安置房

项目经理	徐浩
项目总负责人	刘晓钟、徐浩
主要设计人员	刘晓钟、徐浩、钟晓彤、龚梦雅、王晨、褚爽然、乔腾飞、霍志红、王亚峰、赵蕾、李秀侠
建设地点	北京市通州区潞城镇后北营
项目类型	住宅及配套
总用地面积（m²）	5.93 万
总建筑面积（m²）	25.42 万
建筑层数	18~28 层
建筑总高度（m）	54~83
设计及竣工时间	2016 年 10 月—2019 年 9 月

项目概况

本项目为北京市通州区潞城镇棚户区改造土地开发项目 BCD 区后北营西北角地块安置房项目。设计范围包括住宅和地下车库、住宅配套等居住公共服务设施。

项目场地位于北京市通州区潞城镇后北营西北角地块，西侧有现状路宋朗路（宋梁路），沿该路向南约 1km 可到达地铁 6 号线东夏园站；北临运潮减河，西临商业用地，南侧是在建居住用地，东侧是未来规划居住用地。

项目规划共包含 7 栋住宅、2 栋配套公建、2 栋配电室、1 栋开闭所及 1 处地下车库。绿色建筑设计标准达到北京市绿色建筑一星级。

设计理念

本项目从城市空间和住区空间出发，空间形态打破传统行列式的布局，通过建筑的错位围合创造出不同的空间感受。临规划路一侧通过建筑的高低

错落形成良好的城市天际线。南侧布置配套公建，以对南侧现有住宅的阴影区进行合理利用。

空间布局中形成东西走向的主要景观轴线，沿主景观轴线设置主要景观节点，其与各楼间景观带相互渗透，形成多层次、尺度宜人的开放空间。

交通分析

小区采用分级交通体系，道路设计在贯彻人性化设计思想的基础上，充分体现出交通的引导性、便捷性与可达性。车行及人行主入口设置于小区南侧，小区的北侧设置次入口；东侧设置独立车行入口，主要为小区地下车库服务。

小区的步行道自成系统，相连为一体，并与小区内的景观系统紧密结合，将各景观节点串联起来，形成中央景观核与景观带。

户型设计

住宅户型的设计本着实用、舒适、经济的原则，以户型的均好性为设计准则，将不同功能的户型单元合理地安排在一起。

本项目采用一梯四户板式布局。每户主要房间都能得到南向的日照，起居厅和餐厅形成连贯空间，

有利于通风。户型设计同时强调舒适性和经济性，在满足舒适性的同时压缩交通走道面积，合理划分动静分区、洁污分区，巧妙安排储藏空间，极大地提高了房型使用系数和得房率。

本规划户型配比满足任务书的要求，既符合所需套数的要求，又完全符合可拆分的要求，极大地满足了回迁安置房的需求，为搬迁工程提供了有力的保障。

立面设计

建筑立面设计采用简洁端庄的风格。建筑形态以中式坡屋顶为基础，并在材质、色彩与细节上做处理，使整体气质更加稳重、挺拔。建筑整体以涂料为主要材质，1~4 层及局部 5 层采用深咖色涂料，材质沉稳。中段墙身以砖红色涂料为主，增加适宜的横向线脚分割划分，丰富立面层次，增强整体秩序。窗套、百页等重点装饰部位辅以深褐色构件，表达细腻质感，并衬托出仿石涂料基座的厚重沉稳。头部采用坡屋顶的中式设计元素，凸显建筑的标志性。坡屋顶的顶部和深咖色基座与中段砖红色墙身结合打造出色彩分明的三段式划分关系。

华雁·香溪美地

项目经理	刘晓钟
项目总负责人	刘晓钟、吴静、高羚耀、周皓、程浩
主要设计人员	刘晓钟、吴静、高羚耀、周皓、程浩、张建荣、 王晨、钟晓彤、孙喆、孙维、姚溪、贾骏、王腾、 马晓欧、张妮、刘欣
建设地点	宁夏回族自治区银川市金凤区南部
项目类型	住宅
总用地面积（m²）	84.61 万
总建筑面积（m²）	134.85 万
建筑层数	2~24 层
建筑总高度（m）	7.9~76.1
主要结构形式	剪力墙结构
设计及竣工时间	2009 年 12 月—2012 年 12 月

一、方案创意说明

规划方案灵感来自树叶的叶脉，网络状的叶脉使得叶子的每个细胞都能汲取到营养。潺潺的溪水流经各家住户门前，家家户户都溪水环绕，都能观景亲水。总平面布局效仿地中海沿岸的法国南方Port-Grimaud（格里摩港口）小镇，溪水与住宅片区半岛呈指状穿插，每个半岛自然地形成一个小区组团，都有自己独特的建筑特色和景观特点。小区中心布置中央景观水系，串联各分支溪流。

各地块以中央水系为中心，向地块周边布置低层、多层、小高层和高层住宅，沿中央水系形成近、中、远层次错落的空间，中心景观层次丰富，移步异景。本项目以岛式的大三室花园洋房为主力户型，配以少量的四室或是二室花园洋房户型。规划充分利用坡地这种微地形的地貌与原生态的自然资源，创建生态建筑群落，让建筑充分享受自然的眷顾，让人和建筑与自然完美融合。建筑优雅地矗立在溪畔，溪水静静地流淌。

项目基于户户朝南，所有的建筑都有景可看的原则规划布局。小高层和花园洋房采用别墅的设计理念，将亲地大院的人居体验在空中完美复现，将超大生态入户花园、自然、人文景观会集一身，在繁华中专享绿洲般的宁静，在城市中奢享自然的温情。

二、组团分块与功能布局

项目依城市道路和已有天然景观水系自然分为A、B、C、D四个地块。A、B地块与C、D地块分别位于城市主干道永安大街的东西两侧，故A、B地块有规划中的艾依河水系穿过，两地块之间规划商业街，C、D地块被已有的景观水道自然地分为南北两岸。

A地块以中央水系为景观中心，布置高层。周边布置小高层，加大楼间距，布置花园。内部在次入口附近设置滨水商业步行街，环境优雅。幼儿园位于基地东南角，靠近次入口处。

B地块以中央水系为中心景观，中心低，周边缓缓升高，形成沿水系"两岸青山相对出"，中间低、周边高的建筑意象。水系开发以纯半岛水系为主，中央形成大水系。半岛建筑以花园洋房为主，中央水系旁点缀少量联排住宅，周边布置高层住宅。商业建筑都设置在北边主入口处，在售楼时期为售楼部，在小区投入运行后底层为小区零散商业用房，上面为物业管理中心。

C、D地块以中间的景观水道为中央水系，也形成中间低、周边高的布局。中央水系又引出分支水系，贯穿C、D地块的各个区域，形成半岛和完整的小岛。靠近中央水系布置有双拼别墅或是联排别墅，周边道路依次排列叠拼、多层或是高层住宅。会所位于北侧主入口处，售楼期间可兼作售楼部。

三、交通组织说明

各地块采用人车分流的环形交通系统，周边可停车，中间是景观和步行系统。道路分为 3 个等级，各小区基地周边环形道路宽度为 7 m，组团道路宽度为 4.5 m，人行绿化区内步行道宽度以 1.5 m 为主。在出入口人流集中的地方，道路适当放宽，道路交会处设计成小型广场。社区中的步行道设置灵活，曲径通幽，连接小区内各个组团和中心绿地。

四、景观设计说明

公共景观分以下 3 个层次来设计。

（1）城市外部水系的借景。

（2）社区内部绿化体系的构建。

（3）空中花园多维视角的体现。

五、各地块建筑风格特点和主要街区建筑风格

各地块建筑风格迥异，首先开发的 B 地块以地中海风情建筑为主，A 地块建筑采用几种不同特色的现代简约风格的搭配组合，C、D 地块以低层和多层建筑居多，采用新中式风格。各小区入口商业用房和会所采用本地块的建筑特色。商业街采取现代简约风格。

各地块沿河岸建筑色彩分明，人文名胜参差而立，倒映河中，与河面交相辉映，显得恬静默契，从而打造出一个绿脉、人脉、水脉、文脉紧密结合，并融功能、景观、文化于一体的宁静、祥和、幽雅的园林环境。

房山高教园区公共租赁住房项目

项目经理	刘晓钟
项目总负责人	王鹏、程浩
主要设计人员	程浩、王鹏、丁倩、陈晓悦、冯千卉、石景琨、孙维、
	王吉、李端端、张庆立
建设地点	北京市房山区良乡高教园十六号路
项目类型	住宅及其公共服务设施
总用地面积（㎡）	7.22 万
总建筑面积（㎡）	18 万
建筑层数	住宅 14~21 层，配套 2 层
建筑总高度（m）	58.15
主要结构形式	剪力墙结构
设计及竣工时间	2010—2014 年

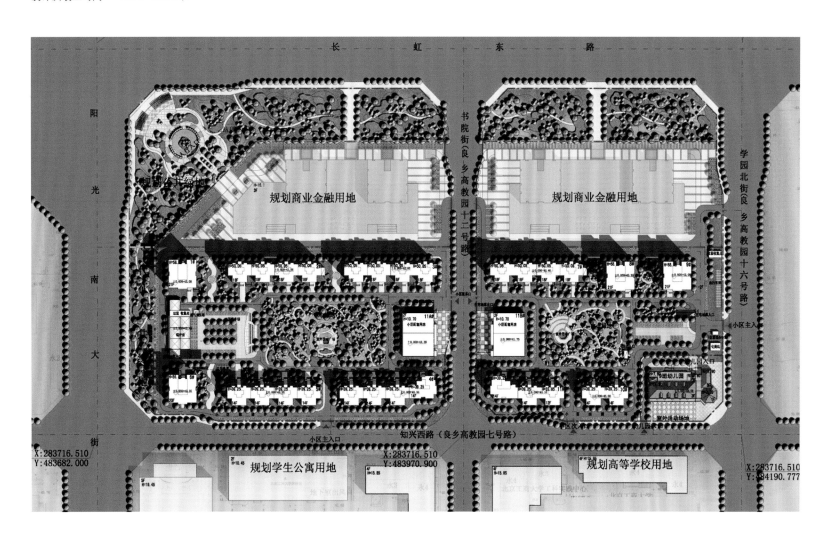

　　房山高教园区公共租赁住房项目是北京市的重点保障房项目，其定向配租对象是房山大学城的相关教师群体。该项目采用集中建设方式，规模较大，地上地下建筑面积共计约 18 万 m^2，是一个客户明确、配套完善、环境优美，追求健康、环保、节能的新型小区。

　　本项目以建设宜居性、健康型的居住环境为目标，以提高教师住户的生活质量、营造舒适的人居环境为出发点，构建平面布局合理、配套设施完备、生活环境优美的居住生活社区。项目用地由南北向的城市市政路分割成东区、西区两部分。东西两区都设置了小区周边环形主路，地下车库出入口均设在小区入口附近，减少地下停车对小区内部的干扰。绿化景观丰富，满足居民活动需要；市政基础设施条件较为齐备，周边公共服务设施完善，且每栋建筑都有良好的消防扑救条件。

作为《北京市保障性住房规划建筑设计指导性图集》的主编单位，北京建院针对本项目的规划方案选用了上述图集中的3个典型和优选方案：一单元十户塔楼、一单元四户的可拼接单元、一单元五户的转角端单元方案，并在此基础上针对结构选型、空间弹性设计、太阳能热水系统、建筑的一体化设计和产业化住宅部品应用等方面进行了优化。以上建筑单体方案的突出特点是：建筑使用面积系数

高；套内布局合理紧凑；居住空间的使用功能完善；建筑外轮廓齐整，体形系数合理，便于节能保温。建筑平面有利于形成挺拔纤细的建筑外部形象，对于街道景观和小区整体形象有益。

本项目作为北京市住宅产业化实施试点工程，工程中应用多项产业化建造技术，如局部采用预制楼梯，地下室和底部加强区采用现浇楼梯，局部采用空调叠合板，采用轻质内隔墙板（砌块）以及其

他预制构件、配件（建筑护栏和铁艺成品、阳台分隔板等）。住宅室内采用菜单化全装修，厨房、卫生间选用集成化产品。本项目根据《北京市公共租赁住房建设技术导则》，应用了节能环保的太阳能热水系统及建筑一体化设计。

截至目前，本项目已通过"国家康居示范工程"的申报和预评审，并荣获"2011年·中国首届保障性住房设计竞赛"三等奖。

昌平区北七家镇沟自头村定向安置房

项目经理	刘晓钟
项目总负责人	刘晓钟、张凤、许涛
主要设计人员	丁倩、许涛、曹鹏、冯冰凌、张立军
建设地点	北京市昌平区北七家镇
项目类型	居住建筑
总用地面积（㎡）	1.28 万
总建筑面积（㎡）	4.14 万
建筑层数	地上 11 层，地下 3 层
建筑总高度（m）	32
主要结构形式	装配式剪力墙结构
设计及竣工时间	2016—2021 年

项目介绍

项目位于北七家镇中心区沟字头村内的 gzt-08 用地，东临岭上东路，西至沟岭路，南至柏林在线小区，北至沟自头街。项目建设用地面积 1.28 万 ㎡，总建筑面积 4.14 万 ㎡，住宅建筑面积 2.39 万 ㎡，全部为回迁安置用房。

设计理念

本项目规划以体现低碳、生态的核心理念为目标，极力打造出绿色宜居的住宅环境；以提高搬迁居民生活质量、营造舒适人居环境为出发点，合理运用先进的设计手法，构建平面布局合理、配套设施完备、生活环境优美的居住生活社区。

户型设计以人性化设计为准则，以人为本，充分考虑人们的使用习惯，室内空间舒适，使人们的日常生活起居成为一种享受。

住宅与周边环境相协调，入口朝南，环境舒适宜人。住区内交通流线简洁，方便居民出行。现有成熟的科技手段使小区在智能化管理方面达到较高标准。

现有户型设计为小高层产品，属中低密度，具有高品质。

项目用地狭长，呈东西走向，北侧有高端地产别墅区，南侧有柏林在线小区，用地四周均有已建筑，规划设计受到多种因素制约。用地内日照间距紧张，人车交通流线不易组织，绿化率难以满足要求。

设计方案根据用地的具体情况因地制宜进行设计，设计理念比较超前，对本地块交通组织、景观设计、户型设计、平面布局等方面考虑得比较全面。

规划设计的楼间距在满足日照要求的同时还有适当加大，园林景观和室外活动场地布置丰富，建筑立面设计简洁大方、新颖实用，与周边环境协调一致。

用地内有 3 栋板式高层住宅，设计团队利用北侧道路宽度，在满足日照间距的同时尽量靠南侧小区布置，在北侧用地内尽量布置绿化景观以隔绝道路的噪声污染。为满足绿化要求，小区内停车位全部设在地下车库。车行出入口设在用地北侧中部偏东，车驶入小区大门直接进入地下车库，人行出入口和车行出入口完全分开，汽车不进入小区内部道路，实现了小区的动静分区、人车分流，为住户提供了安全、舒适、美观的居住环境。住宅采用南向入口，人行出入口设于西侧沟岭路，消防扑救场地亦结合住宅入口道路设于住宅南侧，小区内部实现完全的人车分流。

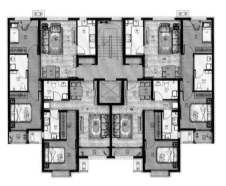

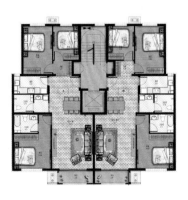

鄂托克前旗敖勒召其镇住宅小区

项目经理	刘晓钟
项目总负责人	刘晓钟、徐浩
主要设计人员	刘晓钟、徐浩、钟晓彤、王晨、褚爽然、李端端、徐超、王健、赵楠、蔡兴玥、李媛、任琳琳、楚东旭、曲直、朱祥
建设地点	内蒙古自治区鄂尔多斯市鄂托克前旗敖勒召其镇
项目类型	住宅及配套、商业、办公、酒店
总用地面积（㎡）	26.76 万
总建筑面积（㎡）	50.89 万
建筑层数	11 层
建筑总高度（m）	38
设计及竣工时间	2018 年 4 月—2021 年 12 月

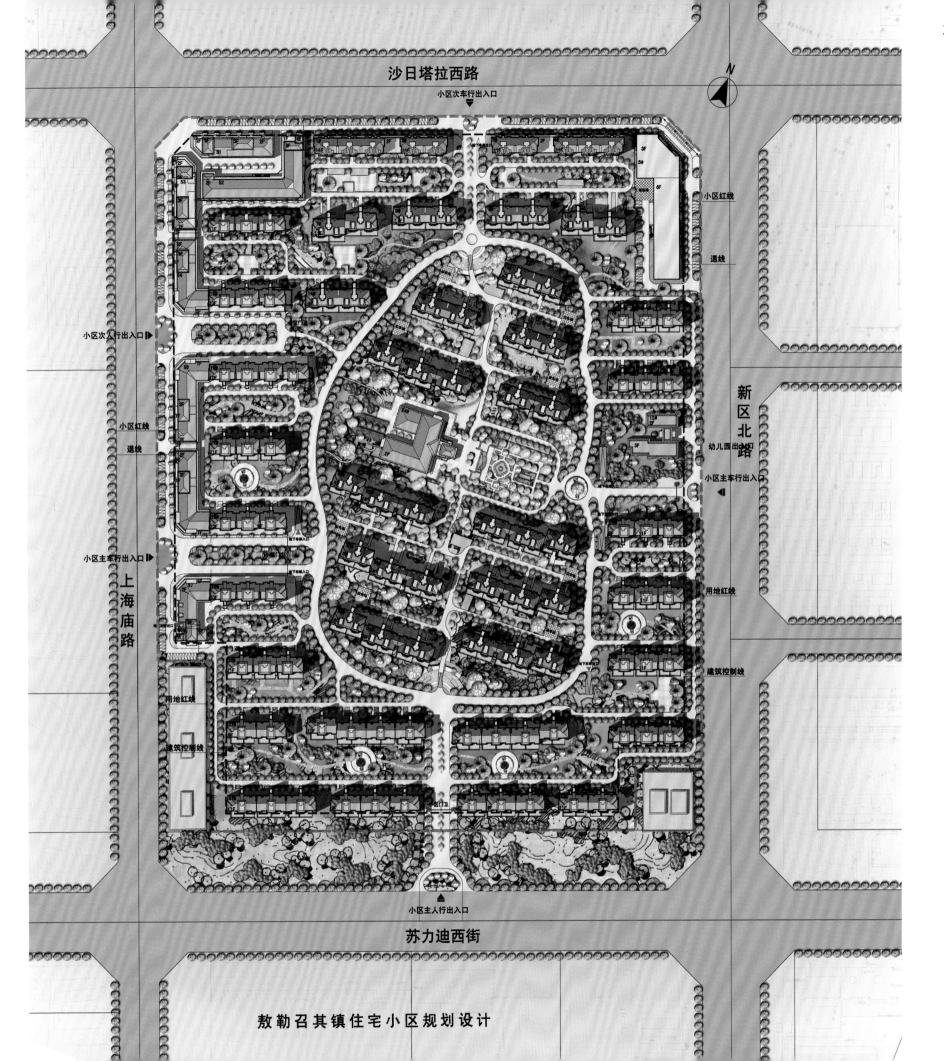

沙日塔拉西路

小区次车行出入口

N

小区红线

退线

小区次人行出入口

新区北路

小区红线

退线

幼儿园出口

小区主车行出入口

上海庙路

小区主车行出入口

用地红线

用地红线

建筑控制线

建筑控制线

小区主人行出入口

苏力迪西街

敖勒召其镇住宅小区规划设计

规划理念

小区采用"一轴""两环""两心""多节点"的规划布局结构。"一轴"即贯穿小区的一条南北纵轴线,"两环"即小区内部的交通环路,"两心"即内部中心景观公共绿地,"多节点"即楼宇之间的景观组团节点。

项目规划布局是面向整座城市的,以"与自然共生、与邻里友好、与城市互动、实现社区共赢"为设计宗旨,突出整体空间围合感,在方正地块内打破匀质平直感,形成有机生长的多处大尺度景观。通透的板式布局实现了更为开阔的楼间距。该项目以多层+小高层作为主力产品,最大限度地集约利用土地资源。同时整个小区形成中心低外围高的布局形式,错落有致,同时在城市界面将建筑退后,营造富有变化的天际线,亦打造了外向型城市公共空间。主入口退让,结合社区大堂设置口袋公园,强调社区的开放及与城市的互动。

景观分析

地块景观的主要设计特点为立体式,设计概念及思路源自现代简约设计手法,形式简单但层次和空间异常丰富。小区南北向有一条景观主轴,小区组团庭院景观丰富,大面积的前庭后院、宽敞的中心花园,体现了社会精英阶层的浪漫与和谐。中心围合出大尺度中央花园,社区建立全维度通勤系统,实现绝对的人车分流,最大限度地减少区域内通行车辆对中心景观的干扰,从而创造宁静安全的居住氛围。从开放到私享逐级递进的多重景观空间充分挖掘宅间绿地等的景观价值,以功能活动为导向,适当分散场地人流,提升社区整体舒适度。本项目具有社区入口、中央会所、社区公园、入户大堂在内的完整的多重礼仪空间体系。

建筑设计

户型设计遵循"尊贵私享、高端定制"的产品营造理念,在归家礼序的打造上下足功夫。无论是公区的空间归家仪式,还是全户型的独梯入户、礼序生活双流线、LDKB(一体化设计)泛客厅设计等,都是市场上独一无二的量身定制产品。

外立面设计综合考虑既能够满足项目以及客群需求同时能兼顾成本优化的方案,最终决定采用新古典主义风格,彰显建筑的尊贵、典雅和庄重。新古典主义将古典的繁杂雕饰经过简化,并与现代的材质相结合,呈现出古典、简约的新风貌,兼容华贵典雅与时尚现代之风。

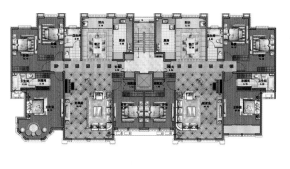

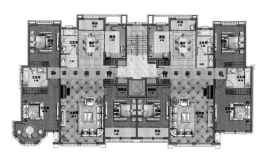

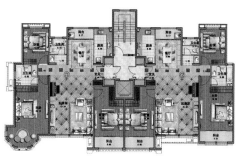

河北涞源县恩泽园扶贫安置房项目

项目经理	尚曦沐
项目总负责人	胡育梅、张羽
主要设计人员	刘晓钟、尚曦沐、胡育梅、张羽、刘乐乐、刘昀、张亚洲、李端端、康逸文
建设地点	河北省涞源县
项目类型	居住区规划方案设计
总用地面积（㎡）	7.77 万
总建筑面积（㎡）	14.32 万
建筑层数	地上 6 层，地下 1 层
建筑总高度（m）	18.6
主要结构形式	钢筋混凝土剪力墙结构
设计及竣工时间	2016—2018 年

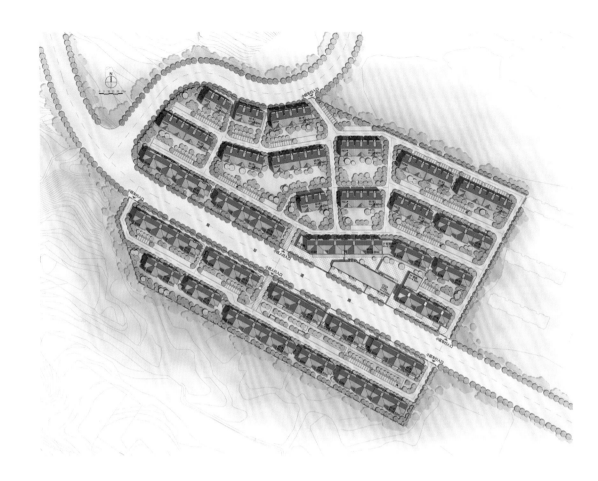

在中国共产党成立一百周年之际，我国脱贫攻坚战取得了全面胜利。在我国全面推进扶贫减贫事业的大背景下，刘晓钟工作室在 2016 年参与了涞源易地扶贫搬迁工程恩泽园和福泽园的规划设计工作，两个项目均于 2018 年交付业主。

涞源县是国家扶贫开发重点县，易地扶贫搬迁是涞源县脱贫攻坚中的硬仗。本项目是河北省第一批易地扶贫搬迁工程，具有示范意义。恩泽园项目依托白石山麓的地形特点，打造生态宜居、融入自然、高品质的安居工程。项目总用地面积为 7.77 hm²，总建筑面积为 14.32 万 ㎡，其中地上为 12.06 万 ㎡。地上以 6 层住宅为主，共提供 1 560 套住房及部分单层沿街商铺。

恩泽园规划设计坚持以下 5 个原则。

品质优先

安置房不等于低品质，规划设计对标当地商品房住区，关注住宅的朝向、单元组合方式、户内房间布局、景观环境等提升品质的因素，营造宜人的居住环境。

环境融合

项目用地位于白石山脚下，三面环山。设计顺应山势走向，利用用地的宽度和长度，形成自然的规划形式，融入山地大环境；充分关注白石山自身的景观优势，将山景融入住区自身的景观之中。

情感延续

考虑搬迁居民的情感诉求和人际关系持续性，空间规划既传承当地乡土特色和民俗文化，同时也融入了城市空间特点。立面设计风格延续冀北民居特色，屋面采用硬山双坡顶，大气稳重。群体坡屋顶设计与背后起伏的山脉相得益彰。

标准化设计

规划布局和户型设计采用标准化、模块化的设计理念，在保证均好性的前提下满足不同家庭的需求。

产业支持

在用地商业价值最高的区域，即 207 国道进山规划路东段两侧，布局底层商铺，并形成小型商业广场和内街，增加商铺的延展面和价值，不仅便于周边居民使用，同时也为居民经营和就业提供了条件。

项目交付搬迁以来，来自周边 10 个村超过 4 500 名村民迁居到这里，村民满意度较高。网上流传的一首名为《恩泽园搬迁区有感》的小诗表达了居民搬入新居时的喜悦心情，"洗尽尘埃山水秀，冲破晦雾似鉴开，恩泽惠顾千户暖，贫困人家入画来"。

北京城市副中心住房（0701 街区）
规划方案及 B# 地块第一标段

项目经理	尚曦沐
项目总负责人	刘晓钟、尚曦沐、胡育梅
主要设计人员	刘晓钟、尚曦沐、胡育梅、刘乐乐、张建荣、金陵、王漪澈、 李端端、左翀、康逸文、张持、董鹏、牛鹏、张卓
建设地点	北京市通州区宋庄镇六环与通燕高速交叉口
项目类型	居住区（小街区、密路网）
总用地面积（m²）	规划方案 112.21 万 / 住区 4.64 万
总建筑面积（m²）	规划方案 153.30 万 / 住区 18.07 万
建筑层数	规划 13 层 / 住区地上 11 层，地下 3 层
建筑总高度	规划最高 60 m / 住区 35.87 m
主要结构形式	住宅为装配混凝土剪力墙结构，公共建筑为钢结构
设计及竣工时间	2019 年至今

项目介绍

0701 街区组团的整体项目功能定位是具有复合功能、绿色智能、交通便捷、宜居舒适的生活组团，塑造活力社区。本项目对外交通便捷，半小时辐射北京城市副中心核心区域、首都机场、国贸商圈。基地对外交通主要依靠宋梁路和京榆旧线。地铁六号线（M6）支线横穿全境并在境内设总站。通燕高速公路东六环路、京榆旧路、宋梁路等道路构成了完善的公路交通网络。

基地周围绿地环绕，南临运潮减河、北运河，西临温榆河，东临潮白河，绿地资源丰富。周边现状绿地生态资源包括：步行 15 分钟可达的潞城中心公园、减河公园以及小堡文化广场，骑行 15 分钟可达的宋庄文化公园、运河文化广场以及运河奥体公园，骑行 30 分钟可达的北京城市绿心、温榆河滨河森林公园、潮白河森林公园等城市级公园绿地。

核心规划理念

1. 以人为本的出行理念

坚持步行优先，自行车出行次之，公交出行再次之，车行最次。

2. 以"小街区、密路网"方式塑造半围合院落

连续的街墙界面、街巷串联起的街廓间充满绿意、蜿蜒幽静的"街坊绿巷"成为居民接送小孩上下学及骑行上班最为便捷的慢行通道，使社区成为既开放又能守望互助的城市肌理。

打造"示范住区"，体现"六大城市"

本项目位于宜居生活风貌区，作为一个家园级的实施单元，满足北京城市副中心的要求，建设低碳高效的绿色城市、蓝绿交织的森林城市、自然生态的海绵城市、智能融合的智慧城市、古今同辉的人文城市、公平普惠的宜居城市，将居住区打造成示范住区。

构建"一刻钟社区生活圈"

本项目以组团、社区、街区为单元，提供均衡优质的城市公共服务圈。按照家园中心、社区中心的布局结构，居民从家步行 5 分钟可达各种便民生活服务设施，步行 15 分钟以内可达家园中心，可享有丰富多元的城市生活服务。家园中心集合社区管理、社区医疗、社区养老、社区文化、街区级配套商业等公共服务设施，形成一站式综合社区服务中心。

交通组织绿色 + 高效

本项目按照步行 > 自行车出行 > 公共交通出行 > 小汽车出行的优先级别分配街道空间；构建步行和自行车出行系统；对轨道交通、公交系统与家园中心进行一体化集约设计；结合居住组团机动车出入口设置无车区，减少地面机动车；优化自行车停车库。

精细化的一体化设计

小街区、密路网、围合式开放社区产生了大量面向城市街道的街角空间，设计团队通过对街角空间的精细化处理，并与街道、社区进行一体化设计，形成丰富的城市开放空间。

明确地块，保留现有道路情况

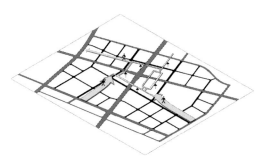

调整支路路网，将家园中心步道抬高，加强各地块之间的联系

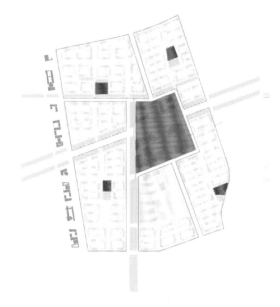

绿轴与南侧行政中心呼应，地块核心处布置家园中心

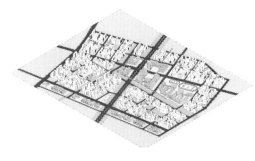

对整体场地进行细节调整

使家园中心和城市绿带组成整体的风车状规划结构

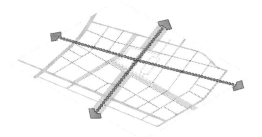

将主要绿轴向地块中延伸，并将部分地块沿绿轴方向调整

社区组团：4个邻里中心（5分钟服务圈）、2条配套商业街

街角空间的处理原则

位置原则

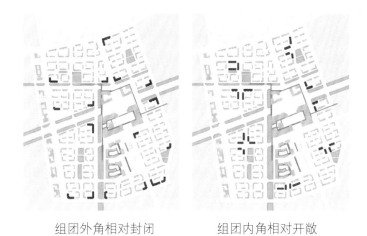

组团外角相对封闭　　　　　组团内角相对开敞

尺度原则

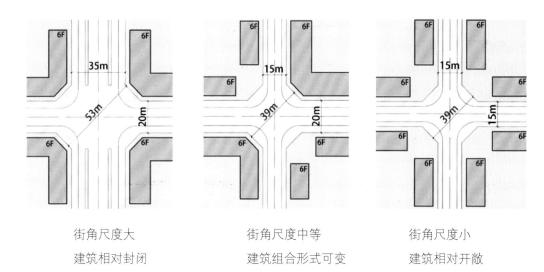

街角尺度大　　　　　街角尺度中等　　　　　街角尺度小
建筑相对封闭　　　　建筑组合形式可变　　　建筑相对开敞

人流动线原则　　　　　　　成组布置原则

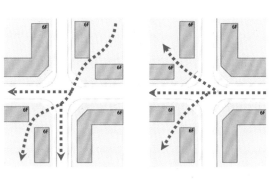

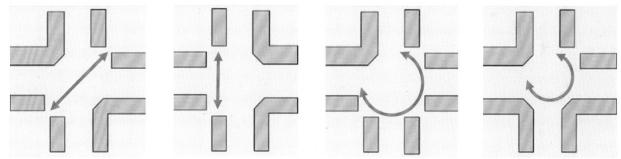

依据人流动线需求酌情调整组团开口位置　　　相同转角形式成对排布　　　相同转角形式三角排布

海淀区学院路 31 号院职工住宅

项目经理	刘晓钟
项目总负责人	刘晓钟、程浩
主要设计人员	程浩、李端端、左翀、金陵、张庆立、孙维、丁倩
	马健强、刘欣、刘媛欣、杨秀峰、李世冲、欧阳文
建设地点	北京市海淀区学院路
项目类型	住宅
总用地面积（㎡）	4.07 万
总建筑面积（㎡）	7.28 万
建筑层数	地上 5~20 层，地下 4 层
建筑总高度（m）	59.93
主要结构形式	住宅为钢筋混凝土剪力墙结构，车库为钢筋混凝土框架剪力墙结构
设计及竣工时间	2013—2022 年

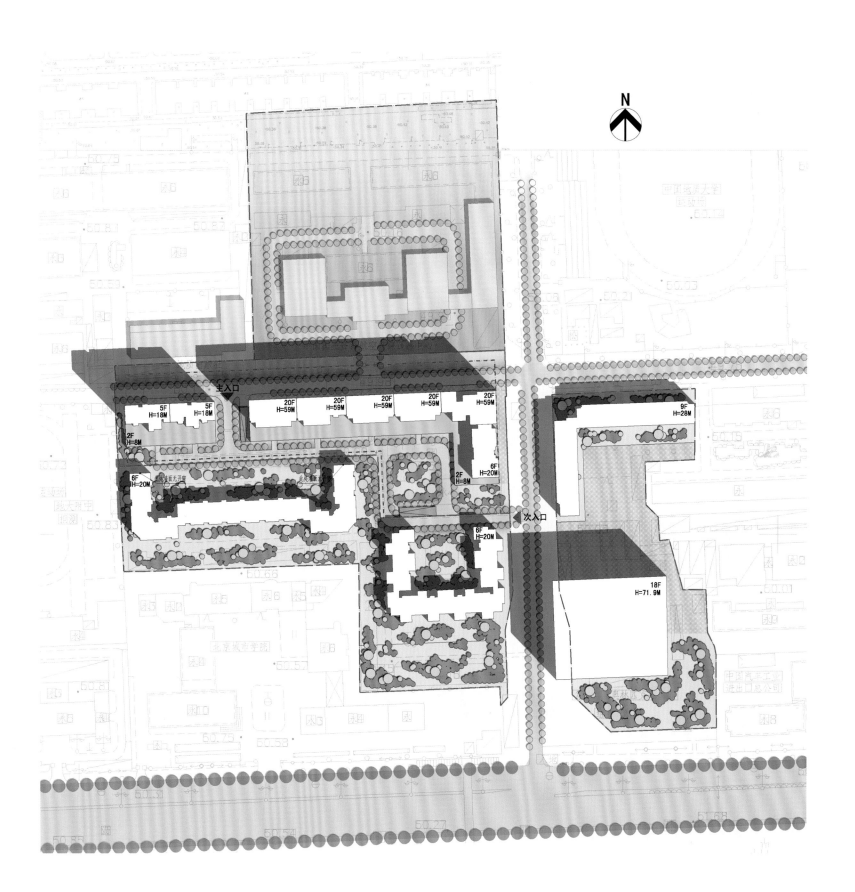

本项目基地位于北京市北四环中路北侧，海淀区学院路 31 号院内，一期规划用地面积 4.07 万 m²，总建筑面积 7.28 万 m²。项目分为两期，一期 2 栋楼位于北侧，已建成，二期 2 栋楼位于南侧，未建。建筑采用钢筋混凝土剪力墙结构，工程造价经济合理。机电、给排水、采暖通风、燃气、通信、网络、消防、人防、无障碍设备设施齐全完善，满足节能、住宅日照要求，符合控规。

功能布局

建筑功能分为配套和住宅两部分。

交通组织

小区主入口位于用地红线北侧，次入口位于用地红线东侧。小区采用活动地桩，平时禁止机动车驶入，保证小区内行人安全，消防车及紧急情况下机动车可驶入。地下车库有两个出入口，主入口附

近是车库入口，次入口附近是车库出口。

景观绿化

一、二期之间用地中部留出足够的面积作为集中绿地，设置园林小品作为景观节点，结合住宅周边的宅前绿地，丰富小区的景观层次。

单体平面设计

（1）各楼首层及二层功能为商业，三层及三层以上为普通住宅。住宅采用了一梯三户单元，两梯五户、六户单元，两梯六户转角单元及一梯四户东西向单元5种单元布局。户型建筑面积分别为一居室（厅室合一）45 m²，两居室60 m²，两居室半88 m²，三居室98 m²。

（2）户型设计强调采光、通风、节能及产业化的重要性。

（3）户型设计同时强调舒适性和经济性。在保障舒适度的前提下压缩走道交通面积，合理划分动静分区、洁污分区，巧妙安排储藏空间，提高房型使用系数和得房率。细部设计推敲深入细致。单体平面考虑用户二次装修使用的灵活性要求，采用剪力墙大开间布局。

立面设计

立面采用新古典主义风格，质朴美观，丰富但不烦琐，色彩富于变化但协调统一，整体效果庄重大方，严谨有序。主体以简洁的浅咖色涂料为主基调，点缀以流畅的浅色线条；墙面竖向线条的韵律使立面变得生动活泼；同时强调顶部造型，注重建筑第五立面设计的重要性，运用坡屋顶造型形成错落有致、空间丰富的现代住宅。

梁各庄棚户区改造安置房住区

项目经理	尚曦沐
项目总负责人	尚曦沐、张羽
主要设计人员	尚曦沐、胡育梅、张羽、刘乐乐、王吉、李端端、康逸文、
	张持、金陵、曹鹏、董鹏、王影、刘芳
建设地点	北京市通州区张家湾镇
项目类型	居住区规划方案设计
总用地面积（㎡）	9.57 万
总建筑面积（㎡）	31.19 万
建筑层数	地上 12 层，地下 3 层
建筑总高度（m）	36
主要结构形式	装配式钢筋混凝土剪力墙结构
设计及竣工时间	2020 年至今

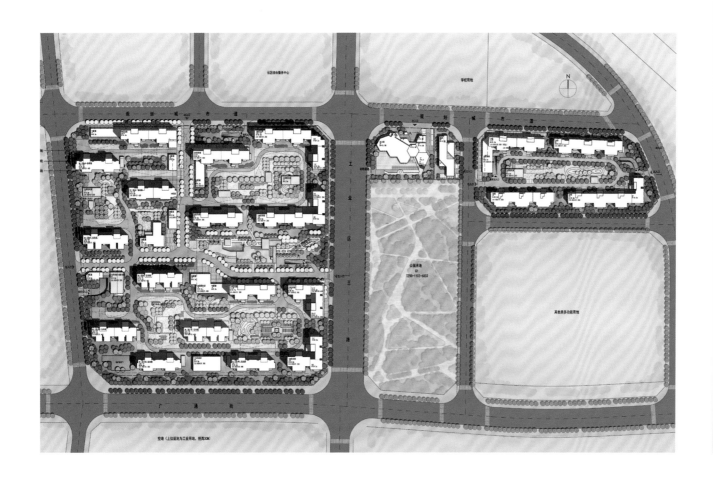

项目介绍

通州经济开发区西区南扩区三、五、六期棚户区改造安置房项目（简称梁各庄安置房项目）位于张家湾北部，是北京城市副中心重点安置房项目，与城市绿心一路之隔，距离副中心行政办公区仅5km，是张家湾"设计小镇"的重要组成部分。

地块现状

梁各庄村由于地势低洼，内涝严重，村民的正常生活及房屋的建筑安全都受到很大影响，因此安置房的规划建设工作十分迫切、备受关注。在刘晓钟工作室2019年参与本项目规划设计之前，梁各庄安置房项目已经开展了多年，并有8栋住宅楼已经建设到6至7层，在2018年停工。因此如何按照副中心新的街区规划理念和要求，将已建住宅融入新规划之中，并在满足目前安置居民需求的同时，为未来的周边村落改造预留安置空间十分重要。

设计理念

本项目提出了7个主要关注点。第一是关注棚改本身，通过本项目的规划建设，为百姓建好房，请百姓选好房，让百姓住好房，提升百姓的获得感、幸福感、安全感，创造美好生活；第二是关注城市空间形态，塑造开放式"小街区、密路网"，打通城市脉络，提升城市活力；第三是关注街道空间场景，为住区营造"街·市"生活状态；第四是关注便捷的生活服务设施，为居民构建5~10分钟生活圈；第五是关注安全友好的公共环境，提倡住区内慢生活，鼓励住户交往，提升住区的品质和价值；第六是关注户型设计，新建与已建区域标准匹配互补，增强舒适度和百姓的获得感；第七是关注绿色生态相关技术，达到绿色建筑二星级标准，满足海绵城市的要求。

梁各庄安置房项目共分4个地块，包括2处二类居住用地，1处9个班幼儿园用地及1处邮政设施用地。规划将已建安置房与新建安置房融合规划、模糊边界。住区内"一横一纵"的生活性街道构成主要交通道路，主要服务类和商业类配套设施均沿生活性街道布置，为住区营造了有活力的公共街道生活。住宅形成多个围合组团，与生活性街道衔接，人车完全分流。住区组团内营造静谧的居住内环境，满足居民日常休闲散步的需要。街道与组团动静结合，相得益彰。围合的住宅组团为城市提供了积极的城市界面。

梁各庄安置房住宅立面造型源于对原有村落建筑的印象，旨在通过对要素的提取和重新组织，让回迁居民感到熟悉和亲切。住宅屋顶采用北方民居常用的硬山坡屋顶造型，立面主体采用仿红砖处理，并考虑装配式建筑的特点，细节处理统一简洁。

梁各庄安置房幼儿园是本项目的重要配套设施，在用地条件有限的情况下，为了争取更多的采光面，设计采用了六边形平面母体方案，通过高低起伏的体形处理，实现造型与功能的有机结合。"童趣""好玩"是设计中的重要关注因素，幼儿园营造了一个室内室外上下连通的立体空间，增强了建筑内外的使用效率和空间趣味性。

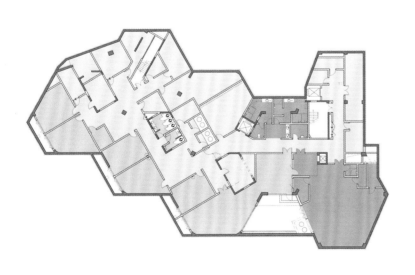

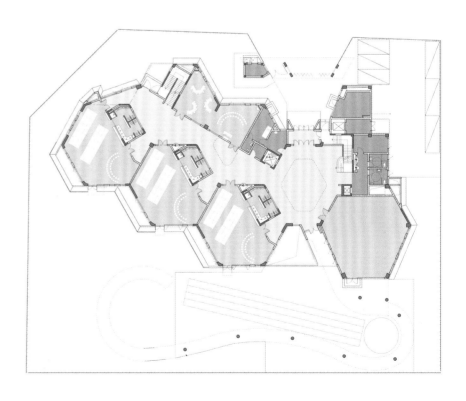

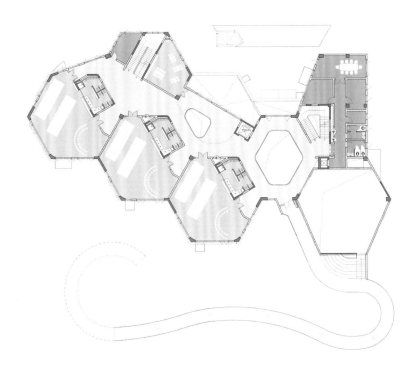

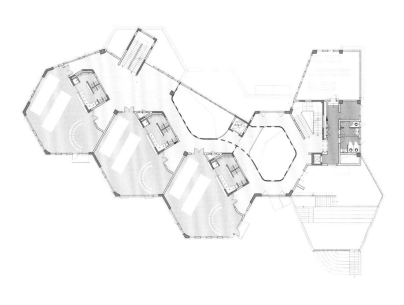

昌平区创新基地定向安置房

项目经理　　　　　　尚曦沐
项目总负责人　　　　尚曦沐、胡育梅、张凤
主要设计人员　　　　尚曦沐、胡育梅、张凤、曹鹏、金陵、王漪漱、
　　　　　　　　　　张建荣、李兆云、牛鹏、任烨、李芳
建设地点　　　　　　北京市昌平区沙河镇踩河村
项目类型　　　　　　居住建筑
总用地面积（m²）　　7.73 万
总建筑面积（m²）　　29.68 万
建筑层数　　　　　　地上 18 层，地下 3 层
建筑总高度（m）　　 54
主要结构形式　　　　装配式剪力墙结构
设计及竣工时间　　　2020—2022 年

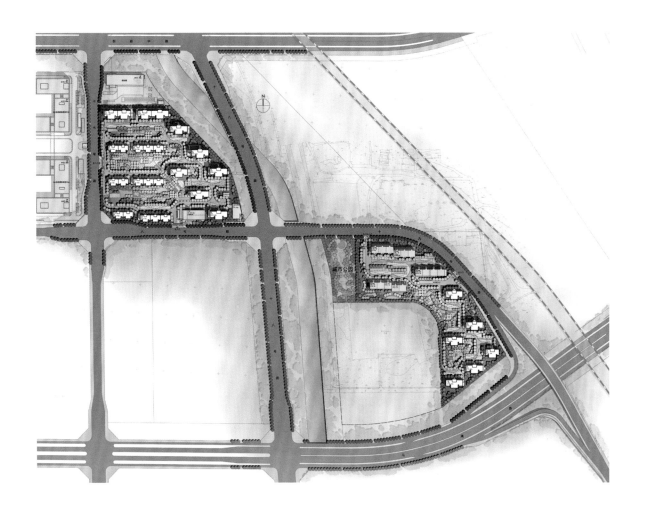

本项目分为 2 个地块，为 C-23 地块和 C-27-1 地块。C-23 地块位于西北侧，C-27-1 地块位于东南侧，两地块呈对角线分布，中间被沙河十九号路及河道分割。两地块虽被分隔，但仍被作为整体进行规划设计。其中 C-27-1 地块中存在 3 栋现状住宅单体楼及地下车库，由于历史遗留问题，住宅楼仅完成主体结构，地下车库结构局部完成。

C-27-1 的地块规划设计在对已建部分评估的基础上，通过对周边城市空间、功能的梳理，结合本项目自身的规划和品质需求，新建塔式住宅，形成错落有致的空间布局，同时使新建区平衡现状区规划指标。

C-23 地块较为方正完整，均为新建楼栋，外部充分利用东侧河道景观资源，内部空间形成环抱、高低搭配的形态，做到户型品质的均好性。

总体规划体现"均好性""景观最大化""城市形象"相结合的特点；关注棚改居民的实际需求，提升百姓的获得感、幸福感、安全感，创造美好生活；提倡无车社区，构建安全友好型公共环境；强调居住的均好性，通过合理的空间布局，形成大空间的集中景观绿地；合理评估现状 3 栋楼的状况，规划按照现行要求，通过新建区域整体平衡各种指标；充分考虑现状楼栋及车库，合理布置交通流线；满足各项公共服务设施的配置，并着重考虑文化活

动场所、社区卫生医疗等服务。

住宅户型设计充分考虑了规划层面、使用方层面及项目的可实施性。本方案对原户型单元平面、户内空间布局、面宽进深等进行了深度的研究分析与对比。由于项目定位的特殊性，设计需密切关注棚改居民的实际需求及选房需求。因此，户型设计以加大得房率、减少户型种类、有助于产业化的实施为原则进行。在此基础上，设计团队提出了新规划户型 4 个标准。

（1）户型要尽量匹配原有户型的设计标准，同时提高舒适度和使用率。

（2）户型尺寸要适当优于原户型，提升百姓

的居住品质。

（3）提高户型得房率。

（4）户内动静分区合理，卫生间尽量做到干湿分离，提升村民的生活品质。

在此标准的控制下，新规划户型设计如下：将大户型布置在高层建筑，小户型布置在多层建筑，可充分利用地块东侧的景观资源优势，并有效控制户型得房率，提高小户型套内使用面积，有助于实现户型均好性的设计理念。

新规划单元为一梯四户 120 m^2 南北通透户型及 80 m^2 纯南户型，一梯四户 80 m^2 南北通透型及 80 m^2 纯南户型，一梯四户 50 m^2 户型。各户型得房率平均为 85%，120 m^2 一种户型，80 m^2 两种户型，50 m^2 两种户型，减少户型种类，方便后期村民选房及住宅产业化建造。

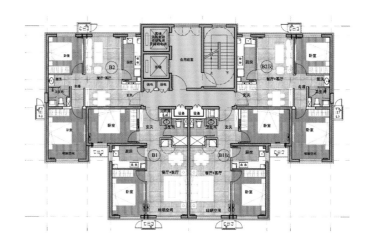

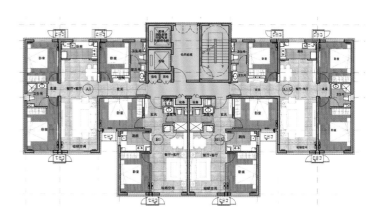

通州区张家湾镇村、立禅庵、唐小庄、施园、宽街及南许场棚户区改造项目一片区安置房

项目经理	刘晓钟、尚曦沐、和静
项目总负责人	尚曦沐
主要设计人员	刘晓钟、尚曦沐、和静、冯冰凌、王伟、张建荣、任烨、李兆云、张持、孔丹、王吉、李芳、许琛、牛鹏、左翀
建设地点	北京城市副中心 1101 街区一片区
项目类型	住宅及其配套
合作设计方	北规院弘都规划建筑设计研究院有限公司、天津华汇工程建筑设计有限公司
总用地面积（m²）	24.33 万
总建筑面积（m²）	88.3 万
建筑层数	1~15 层
建筑总高度（m）	总体限高 36 m，局部突破限高但不超过 45 m
主要结构形式	装配整体式剪力墙结构
设计及竣工时间	2020 年至今

设计目标

本项目响应和符合国家建设及规划的法律法规，响应"适用、经济、绿色、美观"的基本方针政策；以"为百姓建好房，请百姓选好房，让百姓住好房"为棚改目标，按照上位规划以及北京城市副中心规划导则的要求，在总结已有项目的基础上进一步探索"小街区、密路网、开放式"的住区规划方式，并寻求促进邻里交往的城市社区。

设计理念

规划设计按照"小街区、密路网"的规划理念展开，合理划分居住组团，并在每个街区形成 6 个邻里单元，在活跃社区居民交往活动的同时，也为城市提供服务，强化公共设施的集中和复合利用，为安置村民打造了小尺度街坊、开放式街区及公共服务完善、公共空间宜人的活力家园，在安置房住区方面做了有益的探索。

建筑与城市设计方面

设计团队按照景观视野进行整体规划，整合各设计要素，统筹考虑规划方案；综合考虑用地内的城市集中绿地、城市代征绿地，使带状绿地与集中绿地相结合，增加绿地的利用率，使道路一侧的带状绿地成为社区的活跃性绿化轴；对六环路一侧的城市空间关系进行比较研究，重视其与京哈高速交界处的地区门户的关系，在规划方案中以点塔布局的方式使之成为城市点缀，并以此实现了空间的相互渗透。

建筑的功能、性能方面

根据建设要求，用地内计划安置回民村、汉民村两个村落体系，建设规模基本相同。规划设计充分考虑聚落性的特点以及管理的需求，以规划幼儿园用地为中心，形成两个"咬合"型的地块，两个村落共同围绕幼儿园形成"共治、共有、共享"的和谐社区。

建筑的技术应用方面

建筑单体方案结合装配式的技术要求，对不同的立面风格进行尝试。

建筑的绿色可持续发展方面

本项目充分落实海绵城市的要求，并研究再生资源以及垃圾分类对规划设施的要求。

理念呈现与设计表达

本设计在开放街区和传统居住小区的路网规划特点中寻找平衡点，在每个地块内引入组团内二级路网概念，增加城市微循环体系，设计限制机动车速的混

行道路体系，形成串联各个用地内部的环状路网，打造适宜小尺度街坊的开放街区，每个小街坊规模控制在 125 m×100 m 以内。每个地块中心的街道节点位置设置 1 处邻里中心，塑造便于邻里交往的小型场所并形成服务半径 100 m 的生活圈。

规划沿幼儿园东侧设计一条贯穿用地南北的漫步生活性街道，这条步道两侧结合景观绿地、口袋公园布置邻里商业服务设施，塑造街道生活场景，营造"街·市"生活状态，并以此作为贯穿南北的生活轴。此轴北达规划用地外的地铁站点及公交车站，南抵南侧城市绿带公园，形成多功能漫步、购物、休闲活动轴。这条生活轴在南北两侧从 2 个地

块的邻里中心分别向东西展开，与其他 4 个地块的邻里中心相联系，形成 2 条东西向的步行带。步行带两侧预留首层作为商业设施的弹性空间，其中北侧步行带与幼儿园用地东侧的学校相连，南侧与东侧的公交站及社区中心相联系，二者通过两端的南北向街道形成步行体系的闭环，最终形成"一轴、两带、多点位"的活力型邻里社区以及内部环形健康步道系统。

在规划组团的空间布局方面，设计充分考虑用地西南侧为六环与京哈高速交接门户区域，沿西侧布置"L"形点式单塔，南侧布置"L"形高低结合的点式楼，形成富有韵律的可渗透点式空间组合，

减小对六环及京哈高速因建筑沿街界面过长形成的压迫感。住宅点式楼与板式楼结合，形成西侧建筑群，沿西向东排布。设计结合北方人的生活特点、街坊尺度及合院特点，以南北向板式楼为主，适量点缀东西向采光模式，与南北向建筑进行围合，营造宜居的街坊空间。5~11 层 135 m² 户型及 120 m² 户型单元式板式楼组合位于街坊核心区域，与 5~6 层东西向 50 m² 户型单元住宅楼形成各种高低错落有致、尺度适宜的半围合街区空间。结合项目的容积率要求，每个地块结合邻里中心，采用点式或塔板结合的方式，既提高了土地使用率，也形成了高低起伏的天际线。

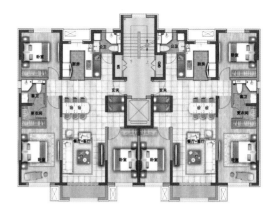

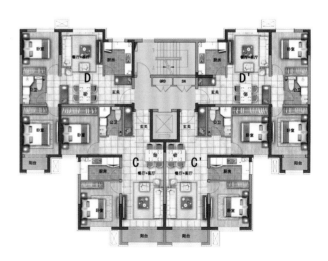

保定望都锦珑府

项目经理	徐浩
项目总负责人	刘晓钟、郭辉
主要设计人员	刘晓钟、郭辉、张崇、肖冰、李俊瑾、龚梦雅、代海泉、王影
建设地点	河北省保定市望都县城东南侧
项目类型	居住建筑及居住区规划
总用地面积（㎡）	14.58 万
总建筑面积（㎡）	43.94 万
建筑层数	18 层
建筑总高度（m）	54
设计及竣工时间	2019 年 7 月—2020 年 6 月

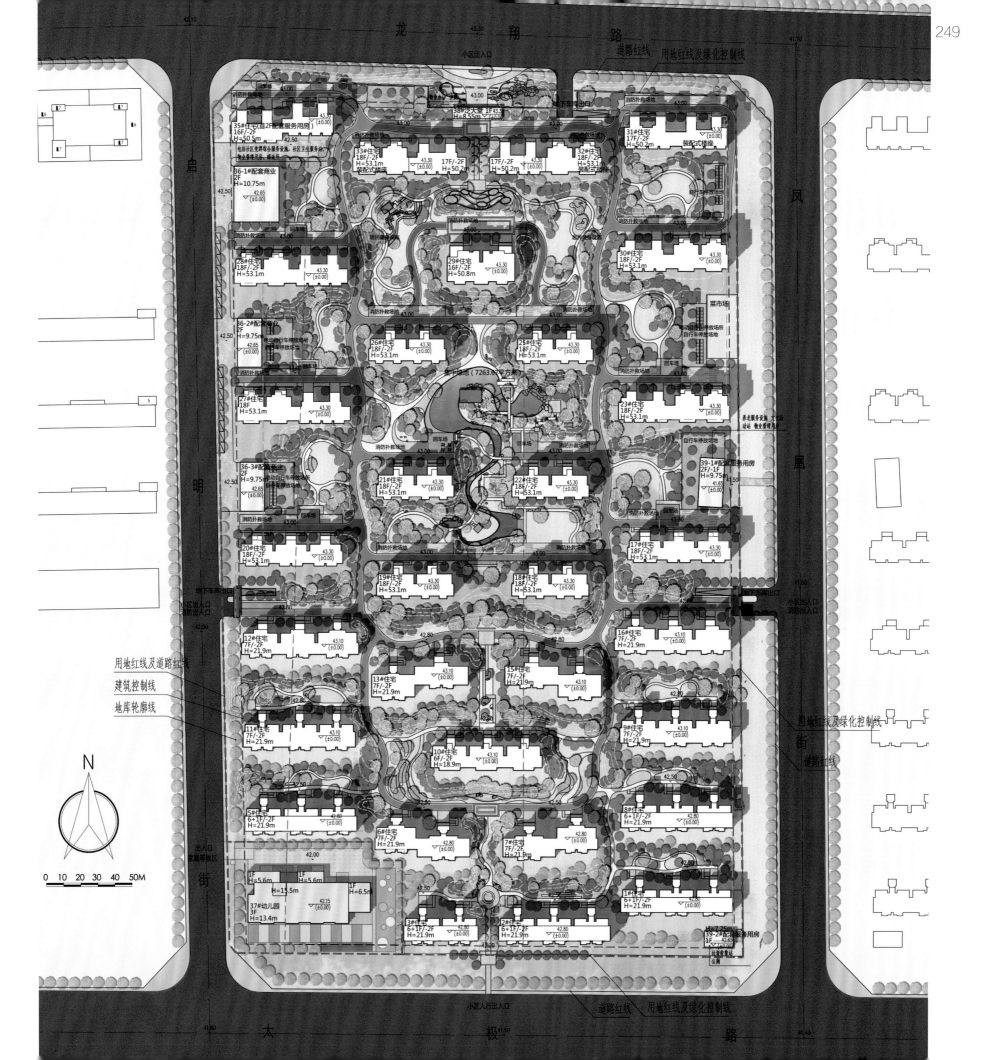

规划理念

项目以生态、低碳、健康的绿色住区为设计目标，以"中央公园""标杆形象""生态社区"作为设计核心理念，从绿色住区整体设计出发，以居民生活习惯为出发点，坚持场地设计与建筑设计相结合，充分利用场地空间，结合城市天际线，设计与自然环境相宜的绿色建筑，让人享受视野、光线和私密空间的同时，与周边的城市建立起紧密的关系，构建都市人新兴的生活模式。

规划布局

项目规划充分利用方正的用地条件，采用高层与洋房相组合的方案，结构性地挖掘项目的最大价值。南北中轴主线庄重，整体规制居中守正、严整有序，演绎出皇家园林的国脉礼序、家国风范和东方神韵，成就庄严府邸。建筑的高低错落为城市形态增添了活力，打开了较为开阔的城市天际线界面。丰富的院落景观、独特的建筑风格均为项目创造了良好的核心价值和溢价空间。

本项目结构以"景观绿轴"为主导，规划骨架，组织空间。小区采用中式园林造景、借景手法，运用现代典雅的设计手法将建筑与园林重新演绎，打造步移景异的四度空间形态，在层次上强调私密性与领域性，为居住者提供独一无二、宁静自然的生活空间。

超大花园

方案将用地自然分割为高层区和洋房区，充分利用高层间距，打造超大中央公园，户户窗外风景均是中央公园的景观。洋房区设置更多的半私密邻里空间，形成开放式院落，营造出具有现代匠人精神的中式人居建筑。

创新产品

住宅产品采用大面宽设计，室内空间方正通透。户型布局合理，动静分区，具有高实用性、高舒适度、高可变性。洋房户户是阳光房，坐拥宽景阳台，更有超高得房率、智能电梯、私家花园，彰显豪宅气质。阳台和餐、客、厨、

卧、卫各室采用全明设计，旨在提升建筑室内的居住品质。设计团队以自然的设计手段解决建筑的通风、采光、视线等问题，使人与自然的亲近感得到进一步升华，同时对于建筑的节能也起到了积极的作用，创造出经典和谐的人居空间，使本项目成为望都人居的改善优选。

中式演绎

立面臻选新中式风格，东情西韵，具有风雅意境；以中国古典文化为根基，糅合西方美学与东方文化，兼容并蓄，对石材、金属板、玻璃等材质进行现代演绎，赋予建筑既有传统神韵又不失时尚品位的优雅。30 m 宽的超大精奢府门、大气沉稳的屋顶、细腻的线脚、和谐的比例关系构建出具有时代感和文化归属感的现代中式风格住区，创造出阔景传世的文化大宅。

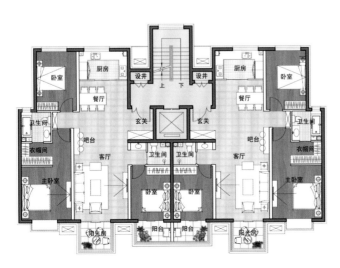

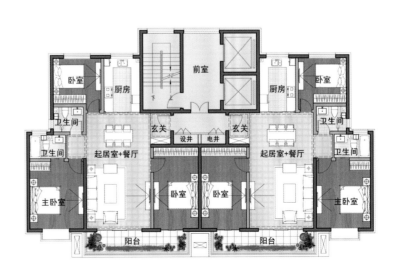

藁城区西刘村旧村改造 1-2 号地块

项目经理	刘晓钟
项目总负责人	徐浩、郭辉
主要设计人员	刘晓钟、徐浩、郭辉、霍志红、褚爽然、张崇、肖冰、李俊瑾、于露、龚梦雅、乔腾飞、狄晓偲
建设地点	河北省石家庄市藁城区
项目类型	居住建筑及居住区规划
总用地面积（㎡）	18.5 万
总建筑面积（㎡）	57.4 万
建筑层数	地上 26 层，地下 2 层
建筑总高度（m）	77.75
设计及竣工时间	2017 年 8 月至今

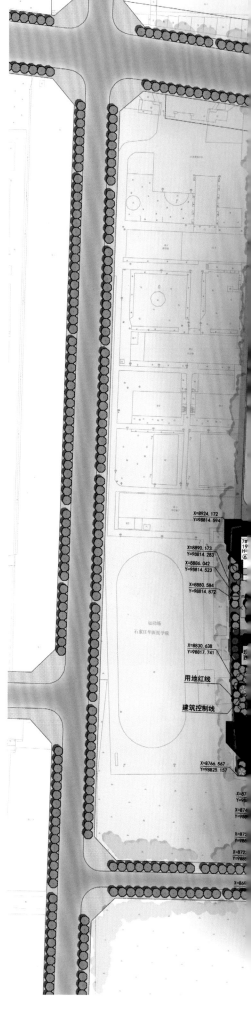

项目基地位于石家庄市藁城区，东地块西北临在建小区藁城名璟苑，东北面有已建住宅区龙华苑一期，场地内部有已建西刘村5栋住宅楼。项目周边多为现状，设计需考虑与周边现状的协调共融。

项目结合全龄化、多元化的现代社区设计理念，以归心为主题打造高端宜居品质住区。

项目践行绿色、健康、宜居的设计理念，从城市设计视角介入当代生活。社区遵守上位规划，尊重环境与文脉之间的关系，充分考虑城市规划中的色彩基调、高度与尺度、视廊空间与城市天际线的整体城市状态，结合用地的现有条件进行规划设计，与既有和规划中的建筑物呼应和协调，营造出丰富的组团空间，为居住者提供健康、适用、高效的生活空间，达到绿色建筑与自然和谐共生的目标。

东地块高层规划平面呈"L"形布局，洋房呈组团布局，互不干扰，既具私密性，又有开阔的视野，不仅最大化地享受资源均好性，同时独特的标志性设计塑造了城市新的天际线。西地块社区整体通过高层围合出中心庭院，同时住宅建筑相互错开避免彼此的对视，为业主创造舒适优美的休闲环境。

所有住宅均南北向布置，确保了优越的日照及通风条件，也令沿路的噪声影响降至最低。四明街布置沿街商业，满足社区居民生活的日常需求。整体竖向设计让社区动线秩序感更强。2个地库分别配置了3个车库出入口，入户迅速便捷，步行流线由平安路、四明街分别进入各自地块的中心庭院，实现了真正的人车分流，确保社区的静谧生活。项目的景观空间贯穿"合享生活"的设计理念，从文化中提取精髓，结合藁城人的生活态度，打造合邻合众的生活氛围，营造富有生机的公共空间，创造安全宜人的人行环境。

项目秉承新中式建筑精髓，将中式建筑外观化繁为简，住宅立面设计采用新中式风格，结合水平、竖向、三段式经典美学比例，形成均衡的网络状结构及丰富的层次感，在设计的基础上追求经典传承的美学。同时，屋顶挑檐和玻璃体亦有效提升了建筑的轻盈感，以刚柔并济的形象勾勒出城市住宅应有的文化和审美意韵。建筑色彩清净雅致，自成一体。立面整体协调统一，构筑建筑沿街形象。

中直机关园博园职工住宅（保障房）工程

项目经理	刘晓钟
项目总负责人	刘晓钟、徐浩
主要设计人员	刘晓钟、徐浩、褚爽然、龚梦雅、乔腾飞、郭辉、王晨、霍志红、张崇、于露、肖冰、李俊瑾、代海泉
建设地点	北京市丰台区园博大道西侧
项目类型	住宅
总用地面积（㎡）	47.54 万
总建筑面积（㎡）	113.65 万
建筑层数	住宅 28 层，配套建筑 1~5 层
建筑总高度（m）	80
主要结构形式	钢筋混凝土结构
设计及竣工时间	2020 年 1 月至今

项目概述

项目用地位于北京市丰台区永定河西岸园博大道西侧，总用地规模 47.54 万 m^2，总建筑面积 113.65 万 m^2。地上住宅建筑面积 693 715.77 m^2，并设两所 9 班幼儿园，建筑面积 6 240 m^2；一所九年一贯制学校，建筑面积 17 600 m^2；一所养老机构，6 794 m^2，一座公交场站 2 600 m^2；一处环卫设施 720 m^2；商业及其他配套建筑面积 358 161.04 m^2。

规划理念

本规划提出"园"远流长、"博"览乐岛的设计理念。

项目位于北京市丰台区生态融合发展带与永定河文化带交会处，北临园博园，观园看湖，视野开阔；西观永定塔，连绵山脉，景观优越。本方案设计将园博园引入住区，打造"园中园"的意象，使住区与园博园相互融合，取义"园"远流长；巧妙提取园博园"乐岛"元素，延伸融于本社区内，结合生态绿谷勾勒出"乐岛家园"，令住区与园博园交相呼应，"博"览乐岛。本项目通过立体化的设计手法打造项目内绿谷叠岛丰富的地形层次，并进行垂直空间的活力开发，打造不同标高层次下立体交融的居住区框架。

项目内保留原有车行快速路网体系，各组团和地块内道路构成居民的日常慢行系统，形成人车分流的安全交通体系。

为更加充分利用项目用地紧邻园博园的优质湖景资源，最大化观湖布局成为本项目另一个重要设计亮点。观湖住宅户数约占总户数的 75%。住区规划中特别预留了看山观塔视廊，它们错落有致，进一步提升居住品质。

多功能多维度的复合社区保证了居民生活的便捷性，也为城市生活提供了多样性。公共配套服务建筑均匀分布在各组团中，打造 5~10 分钟便捷生活圈，形成集邻里互动、运动健身、文化娱乐、购物餐饮为一体的便捷、活力住区。

空间规划设计采用板、点结合式布局，空间丰富灵活，同时为内部提供景观视廊。

单体设计

本项目的住宅立面采用现代简约风格，结合当代审美的价值取向，采用高端建筑材料，塑造出大气典雅、高端挺拔、细节精致的现代城市新形象。

本项目住宅户型的设计是设计团队最大的用心所在。户型配置在满足任务书和指标配比要求的基础上，提出 3 点设计原则。

（1）最大化利用周边景观资源，设置超大观景阳台、观景房和观景电梯厅，业主可在家中饱览美景，让生活贴近自然。

（2）户型设计精练、标准统一，最大化户型面宽，提高居住舒适度。

（3）套内设施齐全，并精心地给每个户型加设了独立式储藏空间，优化收纳空间设计。考虑到北侧园博园及永定河的景观资源，设计团队还设计了湖景北厅户型可供选择，北向设置起居厅并附设观景房，视野开敞，卧室集中设置动静分区，同时还有南厅户型可供住户选择。

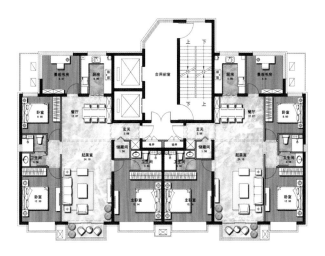

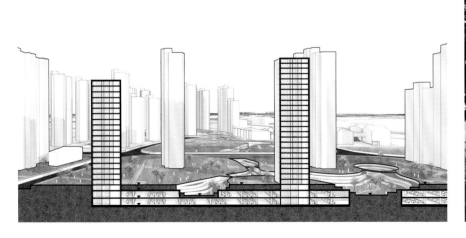

世茂府

项目经理	刘晓钟
项目总负责人	刘晓钟、尚曦沐、刘乐乐
主要设计人员	刘晓钟、尚曦沐、胡育梅、刘乐乐、张立军、钟晓彤、金陵、李端端、康逸文、张卓、李杨、姚溪、褚爽然、王超、王影、刘子明、尹迎、郭姝、王路路、卜映升、赵丽颖、杨忆妍、莫定波、王钊
建设地点	黑龙江省哈尔滨市松北区
项目类型	住宅
总用地面积（m²）	10.34 万
总建筑面积（m²）	26.76 万
建筑层数	地上 33 层，地下 3 层
建筑总高度（m）	98.55
主要结构形式	剪力墙结构
设计及竣工时间	2018 年至今

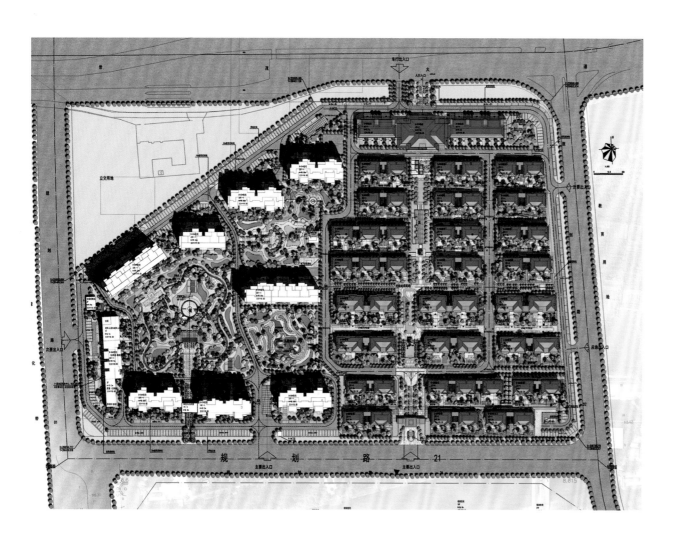

本项目位于哈尔滨市松北区，西侧为规划 01 路，南侧为创新三路，北侧为世茂大道，东侧为科技五街。建筑容积为 2.0，规划建筑密度 19%，绿地率 35%。

整个场地分成两个区域，既相互独立，又统合在同一个设计概念之中。西侧为高层区，结合中部的超大尺度景观庭院，塑造出轻松通畅的小区环境，实现"大尺度、大景观"的设计理念。

东侧为别墅区，以每栋别墅具有各自独立的庭院为特色，并以"大宅""组院"作为产品分类。结合别墅区"小尺度、巧景观"的特色，设计团队设计出"绿色溪谷"的中部景观带，并将别墅的小院子统一抬高 1.5 m，道路下沉，汽车直接进入每户的半地下车库。此举使别墅的居住环境高于城市道路，达到"入世且出世"的居住品质。

项目因地制宜、合理利用原有地形地貌。按照住区规模合理确定规划分级，功能结构清晰，住宅建筑密度控制适当，住区用地合理平衡；住栋布置满足日照与通风的要求，避免视线干扰；空间层次与序列清晰，尺度恰当。

项目设计以新古典风格为基调，并对其加以提炼、创新，在强调体量挺拔稳重的基础上，强调时代感和创新性。外立面材料采用涂料（高层住宅）、石材（别墅），色彩以暖色调为基调，突出端庄、高雅的风范。入夜，建筑顶部以泛光照明，形成优美的沿街夜景效果。

景观植物配置遵循适地适树的原则，并充分考虑与建筑风格相吻合，兼顾多样性和季节性，进行多层次、多品种搭配，形成特色各异、稳定、自然的生态植物群落。设计团队选择适合当地生长与易于存活的树种，使得四时季相变化明显；采用几十个植物品种进行景观搭配，通过草地、草花、灌木、乔木、大乔木等构成五重立体景观。

平谷区峪口镇峪口村集体土地租赁住房

项目经理	尚曦沐
项目总负责人	尚曦沐、张羽、胡育梅
主要设计人员	刘晓钟、尚曦沐、胡育梅、张羽、郭辉、王伟、张持、李兆云、褚爽然、 王广昊、梁红岩、代海泉、李俊瑾、狄晓倜、彭逸伦、王影
建设地点	北京市平谷区峪口镇
项目类型	集租房及其配套
总用地面积（m²）	5.14 万
总建筑面积（m²）	10.8 万
建筑层数	地上 7 层，地下 3 层
建筑总高度（m）	24
主要结构形式	装配式钢筋混凝土框架剪力墙结构
设计及竣工时间	2021 年至今

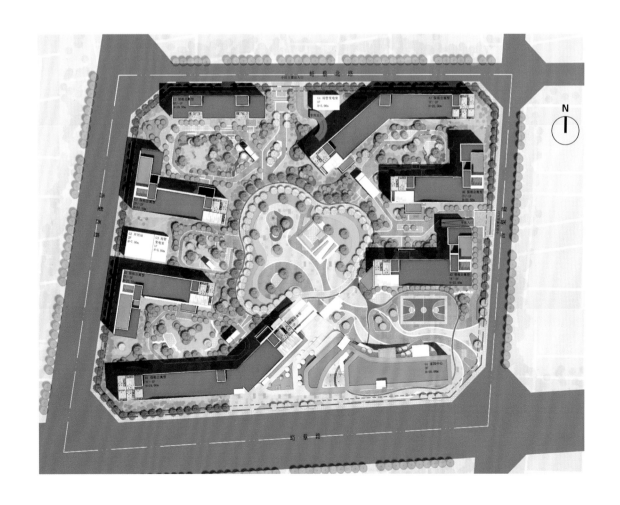

家园中心布局优势及社区活动氛围营造

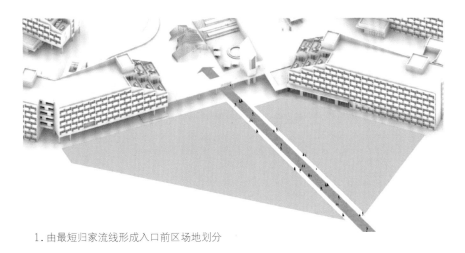

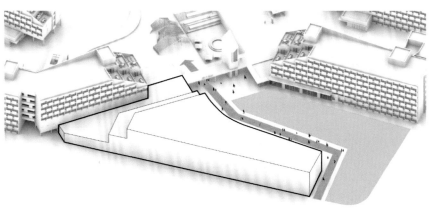

1. 由最短归家流线形成入口前区场地划分

2. 整合周边场地及统一归家流线，归家流线可同时经过临街商铺与活动场地

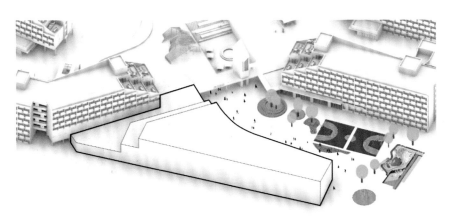

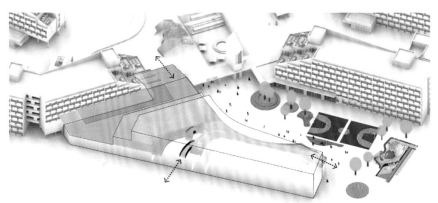

3. 提供多功能室外活动场地，形成家园中心功能扩展区

4. 通过室外平台连通临街商铺与室外活动场地，降低运营成本

北京市平谷区峪口镇是国家农业科技创新示范核心区，未来本项目服务的主要人群为科研人员、新农业业态雇员、农业专家以及少部分当地峪口镇居民。

方案的产生从被服务的主要人群（客户画像）出发，结合农业科创园区的产业特点和员工的年龄结构提取出方案的设计主题——种子社区。设计定位为：农业科创产业人群的孵化社区、成长社区，为服务和保障农业科创产业的新市民、产业蓝领、科创人员、科创专家提供宜居宜业、配套灵活的便利社区，同时适当兼顾当地居民需求。

平谷区峪口镇峪口村集体土地租赁住房项目包括集租房、地下车库及配套公共服务设施。

"种子社区"

方案的设计从一个居住的基础单元出发，随着居民的生活、工作、文化等不同需求因素的叠加，建筑有机地生长，进而形成一个社区。一个居住基础单元就像是正在破土而出的种子。基础居住单元既是设计的"起点"，是建筑生成、社区规划的基点，也是租住人群追求美好生活的基点。

租住人群的需求是设计团队探索小区中不同类型的租赁住房分区和布局的出发点，丰富和灵活的体量组合创造出丰富的界面和良好的尺度，同时居住小区内部也形成与场地环境相契合的空间形态。

本项目打破传统行列式的布局，以装配式思维，通过建筑的转角围合、相同立面元素的构建创造出社区内不同的空间感受；结合家园中心完善的配套公建，形成"入则宁静，出则喧嚣"的活力街区；呼应园区整体引导原则，构建分区分层、起伏有序的空间形态。

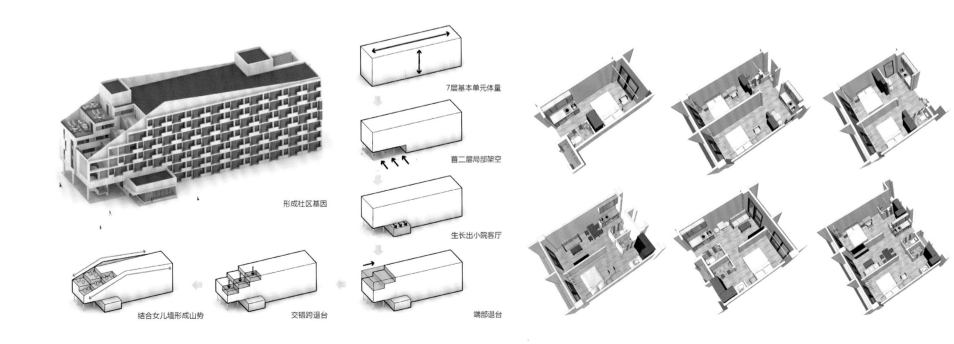

7层基本单元体量

首二层局部架空

形成社区基因

生长出小院客厅

结合女儿墙形成山势

交错跨退台

端部退台

整体空间布局因地制宜，根据地块条件和组团的功能分区，布置景观健身区、景观活动区和景观中心区，沿主景观轴线设置主要景观节点，同时与各楼间景观带在空间上相互渗透，形成多层次、尺度宜人的开放与私享景观空间。

共享理念下的成长性配套——以服务带运营

在共享理念下运营的集中式配套、多功能多层次的社区客厅、多功能复合的活动场地（商业前区）——"家园中心"可使居民日常消费足不出院，并提供丰富的学习交流空间和户外活动空间，以实现用成长型、全覆盖、便利的配套服务来带动运营的理想目标。

集约、可变并兼顾远期发展的保租房户型

户型设计同时强调舒适性和经济型，合理划分动静、洁污分区，巧妙安排储藏和晾晒空间，提高紧凑户型的使用效率。单元公寓户型通过合理的结构设计和管井布置，提供了从两间到八间自由拼合的成长空间，满足住户未来不断变化的使用需求。

模数化、集约化、灵活化的立面设计

项目立面设计采用简洁现代的风格。建筑形态结合峪口镇的地域风貌以退台式的景观露台构建远山意象，模数化、集约化、灵活化的设计丰富了立面层次，增强了整体秩序感。空调机位、阳台窗、阳台栏板这些立面基本元素通过简单的错位组合营造出丰富的立面组合。

设计的最终目的是呈现一个职住平衡的、充满活力的、配套完善的、成长型的租赁复合社区，让居住在这里的人可以找到属于自己的"发展土壤和一隅天地"。

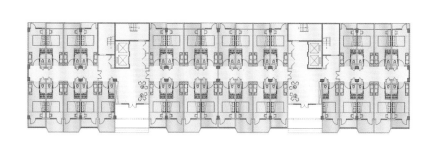
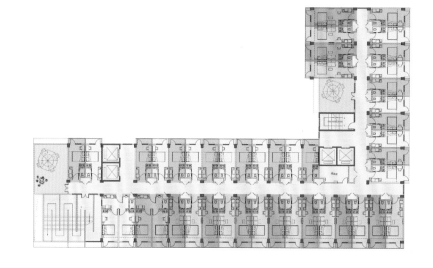

昌平三合庄村集体租赁住房

项目经理	刘晓钟
项目总负责人	尚曦沐、胡育梅
主要设计人员	尚曦沐、胡育梅、曹鹏、张持、李兆云、牛鹏、康逸文
建设地点	北京市昌平区回龙观三合庄村
项目类型	居住建筑及居住区规划
总用地面积（m²）	3.64 万
总建筑面积（m²）	10.48 万
建筑层数	地上 10 层，地下 2 层
建筑总高度（m）	30
主要结构形式	剪力墙及框架结构
设计及竣工时间	2021 年设计

本项目位于昌平区回龙观三合庄村，西临现状道路和天露园小区，北临回南北路，东临育知西路，南临龙禧二街，为集体租赁住房项目。本项目包括蓝领公寓、家庭房、标准房、精品房以及配套和商业功能。设计团队在方案阶段提出 4 个设计理念。

理念——纳入城市元素，合理规划布局，打造院落半围合式城市肌理。

理念二——营造生活场景，包括开放性的空间形态、有韵律感的立面形象、舒适宜居的内部环境。

理念三——合理组织流线和多层次的绿化系统，打造智能高效的生态社区。

理念四——激活场地价值，使产品标准化、商业价值最大化，带动区域发展。

4 个实现策略

策略一 开放与私密

设计团队呼应城市肌理，在开放街区和围合式住区的城市肌理中找到一种平衡，既保证视觉空间开放，又保持了安全性和半围合式布局；分析周边建筑肌理，纳入城市元素，引入院落空间。

设计团队由建筑间距及密度要求得出公寓及配套建筑的体量、布局，在每块用地上营造融入城市尺度的专属围合内院空间，将内院空间彼此串联，形成核心外部空间架构，同时形成建筑序列空间，局部向周边打通围合空间，利用配套及商业设施进行半围合，形成类型丰富的空间体验感。

策略二 丰富的城市形象

错落有致的空间形态——城市天际线起伏错动，富有变化，在沿街形成丰富活跃的城市界面。

有韵律感的立面形象——在标准化、模数化的设计原则下，标准模块单元采取韵律及序列的立面设计手法，公共区域部分立面处理相对灵活，与整体肌理形成对比，整体立面设计在秩序的基础上以色彩及标准单元错动活跃视觉空间。

策略三 营造生活场所

开放的外部环境——通过丰富的空间形态营造多元化的活动空间。

策略四 经济性

设计团队重点探讨 4 个相关内容，即平面效率、标准化、空间弹性、面宽适配。

设计团队的目标定位首先是保证品质，对项目的全生命周期的经济性进行技术论证。

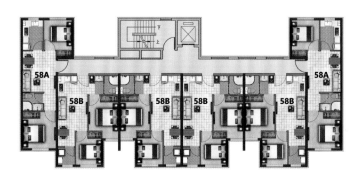

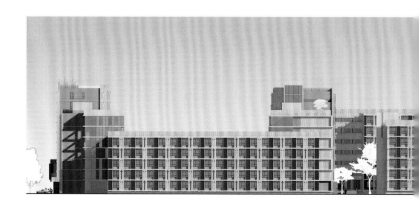

青岛山东头村整村改造

项目经理	刘晓钟
项目总负责人	徐浩、郭辉
主要设计人员	刘晓钟、徐浩、郭辉、霍志红、张崇、钟晓彤、龚梦雅、乔腾飞、于露、朱峰延
建设地点	山东省青岛市崂山区山东头村
项目类型	居住建筑及居住区规划
总用地面积（㎡）	40.9 万
总建筑面积（㎡）	197.47 万
建筑层数	32 层
建筑总高度（m）	99.9
设计及竣工时间	2016 年 12 月—2017 年 7 月

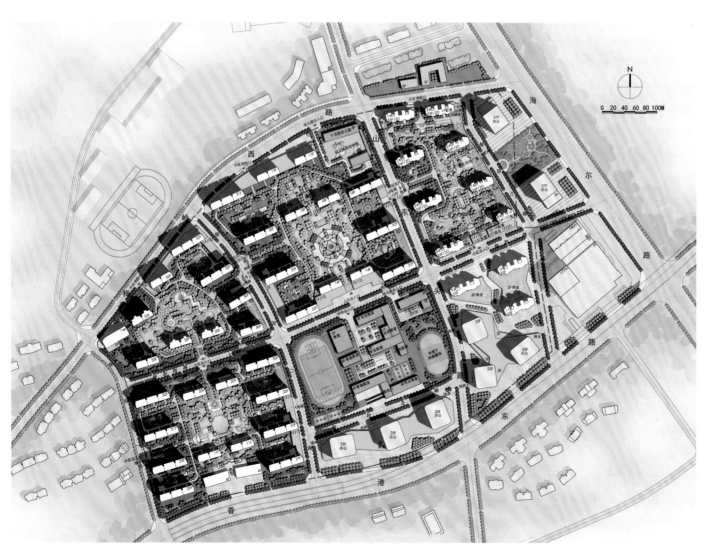

规划愿景

项目结合区位优势，秉承高端产品开发理念，构筑建筑精品；营造望山看海的绿色、宜居、高端、综合住区；通过特色空间的塑造，简约现代的建筑形态设计，打造高端国际社区，提升区域形象；创建多元的空间、多元的业态，使各种空间相互联系、各种业态相互支持。

规划策略

1. 生态融入

社区绿轴、商业绿轴、城市绿带形成网络化生态系统，给社区注入绿色的血液，使其回归自然。

2. 绿化渗透

社区的绿化步行系统、城市的公共步行系统使人们不远行也能方便地到达周边的公园绿地，步行去"郊游"。城市中的生态水岸也被引入社区。

3. 低碳交通

项目内的休闲型漫步系统提供低碳环保的健康交通模式。

4. 空间形态

社区的空间形态形成具有开放性的城市空间、尺度怡人的步行街道、有影响力的地标。

设计说明

基地地形复杂，高差较大，最高点与最低点高差达 27 m。设计团队深入挖掘山海资源，推敲建筑群体与浮山山体的空间关系，实现建筑与山的完美融合，预留通山视廊，合理确定建筑的体量和高度，以期创造优美的天际轮廓线，并符合《青岛市城市风貌保护条例》要求，通过场所营造，赋予本项目鲜明的自然特色。设计团队研究当地文脉——青岛传统城市绿轴，在方案中新塑空间绿轴，在地块内围合出超大尺度的中心空间，带给人极致的舒适体验。地块整体为南北朝向，楼栋南北排布，总体布局形式追求中心景观轴最大化，打造社区内部私属公园。建筑与开阔的景观相融合，为每户提供良好的景观视野；同时打造礼序空间，营造出禅意园林的精妙内涵。空间工整，收放有序，有利于充分利用日照，挖掘土地资源。建筑沿海展开，营造轻松舒展的氛围，同时享有开阔的景观视野，彰显居住的品质。

项目摒弃传统中式建筑的复杂线脚，将中轴设计融于设计理念中，采用具有现代感的明朗线条，适当运用新技术、新材料，利用强有力的建筑外立面展示传统建筑布局，打造一种全新的视觉体验，精雕细琢建筑立面。为了提升建筑整体的档次感，外立面采用铝板和石材组合而成。建筑线条简洁大气，色彩基调沉稳优雅。

兴业诚园小区规划方案

项目经理	尚曦沐
项目总负责人	刘晓钟、尚曦沐
主要设计人员	胡育梅、张羽、王亚峰、康逸文、霍志红、刘乐乐、王广昊、王伟、王漪薇、曹鹏、左翀、李端端、王修悦
建设地点	河北省沧州市新华区长芦大道
项目类型	居住区规划方案设计
总用地面积（㎡）	8.09 万
总建筑面积（㎡）	1.85 万
建筑层数	18 层
建筑总高度（m）	54
主要结构形式	剪力墙结构
设计及竣工时间	2021 年至今

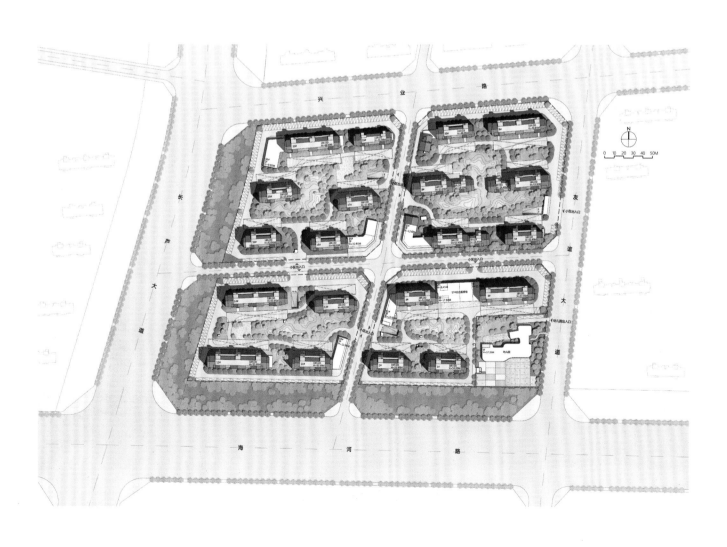

规划理念

项目以打造"生态宜居社区"为核心理念，契合城市发展战略，引领高端品质生活。"生态宜居社区"是现代城市有机发展的重要一环，在以人为本的基础上与自然完整地融为一体，打造生态宜居的城市生活。

兴业诚园小区规划以"四轴""四心"为核心理念。规划采用小街区、密路网设计，场地内部的"十字"规划路将场地分为4个地块，每个地块均有自己的核心景观，形成"四心"。各个地块的核心景观通过小区出入口对位设计，形成"四轴"。设计团队以此为基础，打造从人行入口到楼前逐步展开的空间序列，楼间景观形成交织关系。住区主要由16~18层住宅组成，楼栋平行道路布置，高效利用土地，打造舒适的沿街规划形态。住宅退让街角，缓解道路交叉口的交通压力。设计优化处理位于街角的建筑立面，关注城市街道节点风貌。

小区的商业用房主要布置在内部南北向规划路上，邻近组团人行出入口和街角，满足居民的生活需求，并与北侧小区商业用房形成呼应，营造商业街的整体氛围。配套设施布置在4个组团相对中心的部位，方便各个组团居民使用。小区实现人车分流，为营造"生态宜居社区"提供保障。

建筑设计理念

设计团队引入中国居住文化的传统符号，将现代元素和传统元素相结合，以现代人的审美需求来打造富有传统韵味的建筑，表达对清雅含蓄、端庄芳华的东方精神境界的追求，实现对色彩、气韵、意境的创新表达。

建筑风格

建筑采用三段式的设计手法，每一段都精雕细琢，营造高贵的建筑品质。屋顶设计不同于传统建筑的单一坡屋面设计，而采用多层次坡屋面设计，使得建筑在具备传统韵味的同时亦有现代的创新理念在内。墙面主体为浅米黄色，穿插浅米色横向线脚及褐色横向线条，增加了建筑整体的水平延伸感，使得建筑整体更显大气。深褐色的墙体作为基座，壁柱、线脚等部位的雕琢使得建筑整体在沉稳大气之中也充满细节设计，提升建筑整体品质。材料主要选用面砖，局部采用石材、铝板结合，彰显高品质的设计。

秦皇岛开发区戴河桃花源

项目经理	徐浩
项目总负责人	刘晓钟、郭辉
主要设计人员	刘晓钟、郭辉、褚爽然、钟晓彤、肖冰、张崇、李俊瑾、霍志红、梁红岩
建设地点	河北省秦皇岛市成子湖路以西，诺敏河道以南
项目类型	居住建筑及居住区规划
总用地面积（㎡）	10.95 万
总建筑面积（㎡）	33 万
建筑层数	27 层
建筑总高度（m）	80
设计及竣工时间	2020 年 11 月至今

项目定位

本项目为兴龙房地产西部智慧生态府院，是兼具度假感和舒适度的社区，树立开发区居住新标杆。

设计理念

畔河而居：本项目与公园毗邻，将戴河生态园游览体验带入用地，实现高层全视野景观，打造活力康养主题畔河住区，使住区与戴河生态园相融合。

设计生活：串联起"多环"健步廊道，量身定制公园式全龄生活体验区。

设计说明

公共配套服务建筑均匀分布在各组团中，设计团队打造5~10分钟便捷生活圈，形成集邻里互动、运动健身、文化娱乐等为一体的便捷、活力住区。

其中幼儿园位于场地西南角，阳光充足，南侧主入口通过对称的配套布局、礼仪对仗的超长轴线、尊贵典雅的超大空间凸显仪式感。

本项目的户型可分为三类：85~110 m² 两居，120~144 m² 三居，150~190 m² 四居。建筑大部分为18层及以下住宅楼，户型配置因地制宜。东端临戴河景观带设置端南厅户型，8.7 m 宽厅尽享戴河绿色景观资源。西端设置高层楼座，减小对区内空间的影响，同时充分利用戴河景观和内部景观；东部下沉庭院四周设置5~6层洋房户型，与内部绿芯紧密联系，居住其中被绿植环抱，不为喧嚣所扰。各户型区段均有特色户型，采用南向小宽厅设计，可改造出多功能起居空间或展示空间，满足各类人群居住、社交、休闲等多方面不同需求。

项目住宅立面采用新中式建筑风格，将中国文化的精髓结合时尚现代简洁的风格，采用高端建筑材料，塑造出大气典雅、端庄挺拔、细节精致的现代城市新形象。在立面处理上，屋顶挑檐层次丰富且厚重，彰显品质感；中部采用L形构图，大面积的阳台落地窗、厚重的墙体配合局部空调百页，营造出精致感；底部尺度亲人，采用高端石材，细节丰富，结合挑高大堂空间与景观设计，体现尊贵感的同时拉近了人和建筑之间的距离。在色彩处理上，立面采用暖灰色、米白色、米黄色的经典配色体系。典雅高贵的暖灰色成为项目一大亮点：一则暖灰色延续了北方地区传统民宅独特的文脉；二则结合戴河河畔的独特地理优势，项目周围绿树成荫，色彩丰富，高级的暖灰色加之纯粹明亮的米色凸显典雅尊贵。

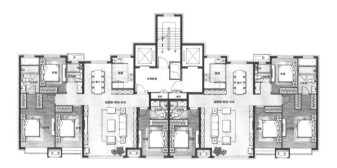

容东片区 F 组团安置房及配套

项目经理	刘晓钟
项目总负责人	刘晓钟、徐浩、林爱华、王珂、石华
主要设计人员	刘晓钟、徐浩、林爱华、王珂、石华、褚爽然、龚梦雅、钟晓彤、郭辉、 王晨、乔腾飞、付烨、王广昊、于露、赵蕾、杜岱妮、金颀、刘岳
建设地点	河北省雄安新区
项目类型	住宅及公建混合项目
合作设计方	北京市建筑设计研究院有限公司 第六建筑设计院
总用地面积（㎡）	50.1 万
总建筑面积（㎡）	114.27 万
建筑层数	住宅 10 层 / 配套 4 层
建筑总高度（m）	33
主要结构形式	钢筋混凝土
设计及竣工时间	2019 年 6 月至今

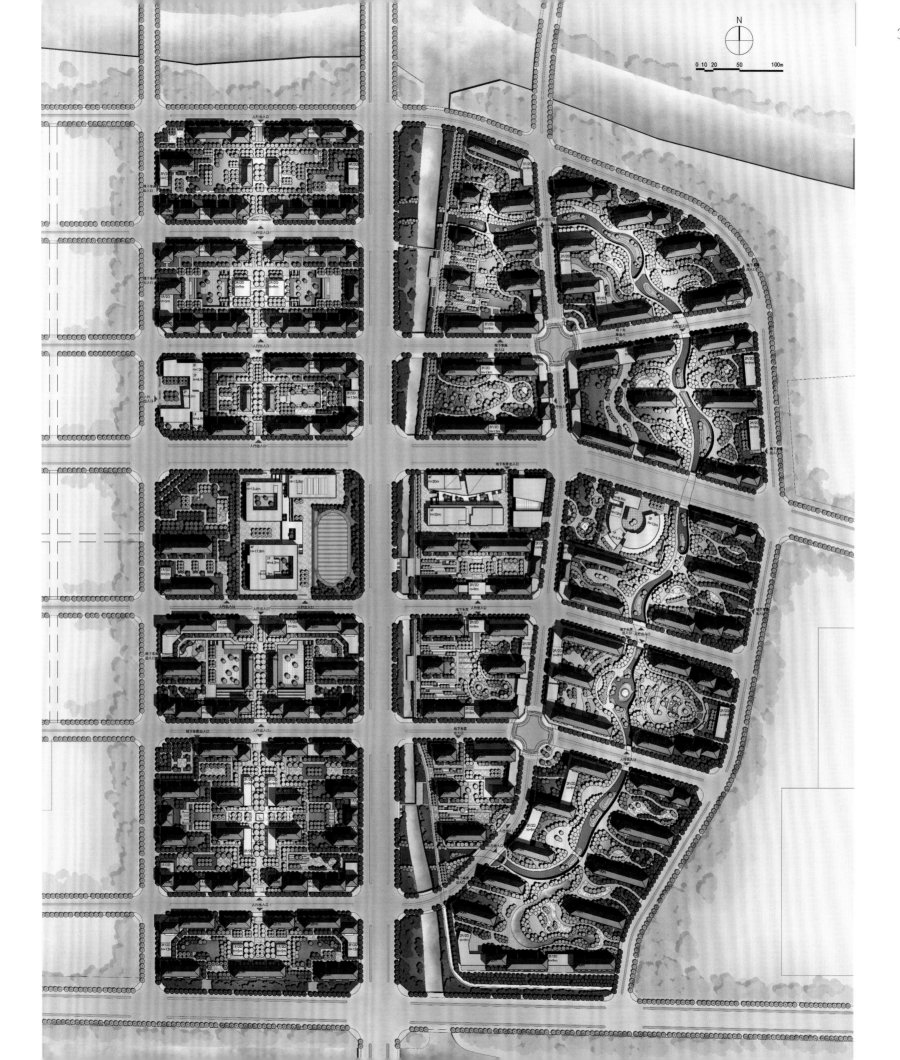

项目概述

项目位于雄安新区。雄安新区地处北京、天津、保定腹地，距北京市、天津市、石家庄市、保定市、分别约 105 km、105 km、155 km、30 km，距北京新机场 55 km。

本项目用地位置交通十分便利，总用地面积约 50.1 hm²，包括住宅用地 38.9 hm²，商业用地约 0.8 hm²，幼儿园、小学用地约 3.2 hm²，公交首末站用地约 0.4 hm²，公园绿地约 6.8 hm²。

规划理念

规划提出"双韵多叠"的设计理念，将项目地块分为礼序韵律和自由韵律两个区域，西侧地块延续城市肌理，保持方正之姿；东侧地块随形就势，融于自然。

项目采用"多叠"的设计手法，进行垂直空间的活力开发，打造不同标高层次下立体交融的城市框架；保留原有车行快速路，其余城市和组团道路构成居民的日常慢行系统。

多功能多维度的复合社区保证了居民生活的便捷性，也为城市生活提供了多样性。公共建筑均匀分布在街坊构成的邻里单元中，形成集邻里互动、运动健身、文化娱乐、购物餐饮为一体的活力街坊，提升 5~10 分钟生活圈的服务品质。

街坊沿街底商形成的连续界面起到限定街道空间的作用，同时变化丰富的橱窗、雨篷、入口等在近人尺度上重新塑造了城市街道空间。街坊内部保留了大面积的集中绿化空间，形成安静的内庭院。

景观设计

总体景观设计以"住宅公园"为核心理念，打造生态自然的全景式体验景观空间，突出溪谷场景的共享及社区生活的塑造。其中西区南北板块结合建筑围合的空间形态，形成层次丰富的景观观赏及互动场所。其间配备下沉式商业互动空间，满足社区居民商业及休闲聚会需求，同时配备满足全龄人群的互动空间，可同时满足不同年龄段人群对于公共空间的共享及互动需求。东区板块以流动开放式自然空间为主，结合生态溪流及景观绿谷，打造开放式生态健康步道，沿步道设置商业、休闲、观赏及互动等主题空间，结合复合型种植体系，形成绿色生态的共享景观空间。

房山区京西棚户区改造安置房

项目经理	刘晓钟
项目总负责人	徐浩、王亚峰
主要设计人员	刘晓钟、徐浩、王亚峰、钟晓彤、霍志红、龚梦雅、乔腾飞、张崇、 肖冰、褚爽然、于露、代海泉、李俊瑾、狄晓倜、梁红岩、王伟
建设地点	北京市房山区青龙湖镇 01 街区
项目类型	住宅
总用地面积（㎡）	29.90 万
总建筑面积（㎡）	84.61 万
建筑层数	住宅 4~6 层 / 配套 1~3 层
主要结构形式	钢筋混凝土结构
设计及竣工时间	2022 年 2 月至今

项目概述

本项目位于北京市房山区青龙湖镇 01 街区，安置房规划用地总面积为 29.90 hm²，共包含 11 个地块。地上建筑面积约 422 480 m²，地下建筑面积约 423 581 m²。项目包含 4~6 层住宅，共计 5 100 户。项目配套有公共服务设施及地下车库。

设计理念

规划设计从城市空间和住区空间出发，寻求小区中不同类型住宅的合理分区和布局，使城市界面具有良好的尺度和丰富的轮廓，同时使居住小区内部形成与环境相结合的空间形态。

户型多数为一梯两户，明厨明卫，户型通透、得房率较高。建筑外立面采用现代中式风格和传统两坡屋顶，现代简约。

从"小街区、密路网"设计入手，项目在保障纯粹居家生活私密性与便捷性的同时，也同步成就了外向型、街区型的易于交往的空间氛围；对外相对独立，对内富有变化，强调邻里概念。建筑沿城市路网及用地边界平行排布，以形成良好的城市界面；而园区内部景观及步行系统则灵活多变，由此形成既规整又多变的街区空间层次，给人带来"步移景异"的空间变化。本项目力图打造出一个风格典雅、配套完善、空间环境宜居的生态型住区。

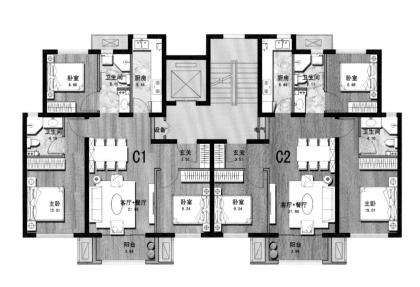

后沙峪镇 SY00-0019-6001、6003 地块 R2
二类居住用地、6004 地块 B1 商业用地

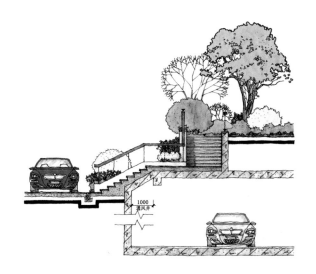

项目经理	刘晓钟
项目总负责人	徐浩、郭辉
主要设计人员	刘晓钟、徐浩、郭辉、龚梦雅、王晨、于露、乔腾飞、霍志红、张崇
建设地点	北京市顺义区后沙峪镇
项目类型	居住建筑及居住区规划
总用地面积（m²）	15.1 万
总建筑面积（m²）	48.15 万
建筑层数	15 层
建筑总高度（m）	45
设计及竣工时间	2017 年 7 月—2017 年 8 月

项目概况

项目总用地 15.1 万 m²，其中 6001、6003 居住用地容积率 1.8，6004 商业用地容积率 2.0，住宅全部为 84~86 m² 的自住型商品房。

设计理念

项目采用绿色建筑设计、海绵城市设计等较为前沿的建筑设计理念，并采用先进的装配式建造工艺，旨在通过怡人的空间尺度、优美的景观环境、舒适的居住品质打造北京市共有产权住房项目中的标杆。

问题分析

本项目建设规模大，设计中的限制条件较苛刻，如外线条件紧张，日照条件严苛等，并且住宅限高45 m，充分利用外部环境提供的日照条件。项目为顺义第一个共有产权保障房项目，开发商拿地成本高，要求挖掘项目的最大价值。

解决方案

在这些不利条件下，设计团队对住宅区块进行整体考虑，设计 13~15 层高层住宅，依据地形按西北高东南低的策略进行规划布局，渐次提升建筑高度，形成高层塔楼带，在避免日照影响的同时，丰富沿街界面。住宅均匀布置，强调均好性，楼座南北错落，使更多住户享受南侧和西侧城市公园的景观资源。整个社区人车分流，地面不设停车位，全部是园林景观。3个地块均有全龄活动场地。

景观空间是设计的重点，设计团队巧妙地利用建筑和路网的布置，设置最佳道路服务半径的同时，也为每幢住宅获取最大的景观面，力争做到幢幢住宅前后左右均对着组团绿地、中心绿地或者城市景观，住宅既有组团景观又能获取城市景观。中心围合出超大尺度空间，营造奢华精致花园，精心打造专属庭院、未来公园。内部景观设计强调"点、线、面"的结合。高层建筑间的景观各有特色，形成不同主题的庭院景观点；局部住宅底层架空，东西南北的各个景观节点相互联系，形成线性景观视廊，可以将环境和活动设施设置在架空层，方便阴雨天居民游憩，增进邻里沟通。

立面设计强调与城市环境的协调，与周边建筑及顺义大区域的风格背景相统一。建筑造型简洁明快、典雅大方，富于光影变化，轮廓错落，强调大的竖向比例以及细部的精致。立面设计充分重视入口门厅、阳台及空调板等细部设计，特别是结合平面，合理设置空调板与雨水管等的位置，减少其对建筑立面产生的不利影响，使其成为建筑的有机部分。立面材料选用砖红色真石漆，局部搭配灰色涂料，在现代典雅的居住氛围里渗透出传统地域文脉的亲切气息，从心理上给住户以家的温暖感和归属感。

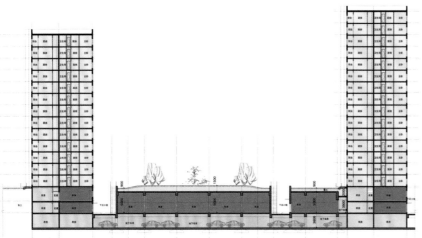

武汉远洋心苑、远洋心语住区及远洋万和四季办公楼

项目经理	刘晓钟
项目总负责人	刘晓钟、尚曦沐、胡育梅
主要设计人员	刘晓钟、尚曦沐、胡育梅、张羽、孙喆、刘昀、金陵、王健、庞鲁新、张庆立、杨秀峰、张亚洲、李秋实、李世冲、左翀、马健强、欧阳文
建设地点	湖北省武汉市江汉区常青一路
项目类型	居住区规划及办公建筑
总用地面积（m²）	远洋心苑住区：1.02 万。远洋心语住区：0.94 万。远洋万和四季办公楼：0.76 万
总建筑面积（m²）	远洋心苑住区：7.0 万。远洋心语住区：6.8 万。远洋万和四季办公楼：4.8 万
建筑层数	远洋心苑住区：地上 48 层，地下 3 层。 远洋心语住区：地上 46 层，地下 3 层。 远洋万和四季办公楼：地上 24 层，地下 2 层
建筑总高度（m）	远洋心苑住区：140。远洋心语住区：134。远洋万和四季办公楼：98
主要结构形式	住宅：钢筋混凝土剪力墙结构。办公建筑：钢筋混凝土框架剪力墙结构
设计及竣工时间	2014—2019 年

远洋心苑、远洋心语住区及万和四季办公项目位于湖北省武汉市江汉区，毗邻汉口火车站和机场高速，地处进入武汉市的门户位置。无论是坐火车还是乘飞机抵汉，人们都可以清晰地看到 3 个地块的建筑形象。

3 个块地的项目均位于城市改造区，用地较为紧张，容积率均达到 5.0 以上。项目规划旨在改善居住环境，充分利用超高层建筑创造的开敞空间，形成不同层次的宜人交往空间，同时优化超高层群体的城市空间关系，协调已有城市天际线。

远洋心苑住区

用地北宽南窄，像一个球拍。设计充分利用场地宽度，加大建筑间距，营造了超过 1 000 m² 的集中景观绿化空间。建筑布局南偏东 18°，为住宅争取更好的采光通风条件和更好的景观视线。住宅户型设计坚持舒适和经济的原则，平面紧凑，减少交通及公摊面积，提高使用率。

远洋心语住区

地块呈倒"L"形，紧邻一栋现状小高层办公楼，周边为城中村和多层住宅区，北侧跨铁路为常青公园，景观视线开阔。规划利用场地宽度和进深南北布置 3 栋超高层住宅，留出中间的开敞宅间绿地空间。

超高层住宅立面采用现代简洁的设计手法，在统一设计手法的基础上通过小尺度的细部处理，形成独特的建筑形象，成为城市的区域性地标建筑。

远洋万和四季办公楼

远洋万和四季高层写字楼紧邻常青路高架，位于从武汉天河国际机场进入汉口的必经之路。写字楼通过虚实体形的对比穿插，形象完整。设计团队重点关注高架快速路角度的建筑形象，突出项目的标识性和区位价值。写字楼平面规整，使用效率高，底层为小型商业配套，为写字楼用户及周边住区居民提供服务。

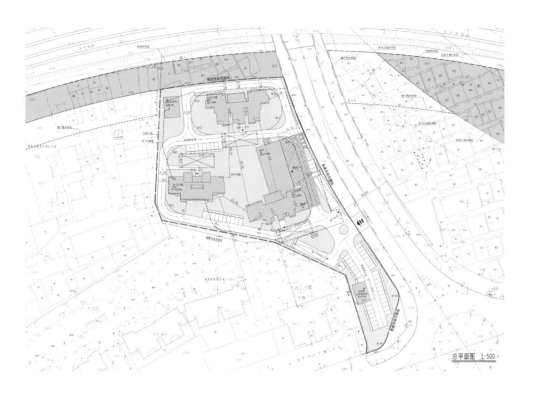

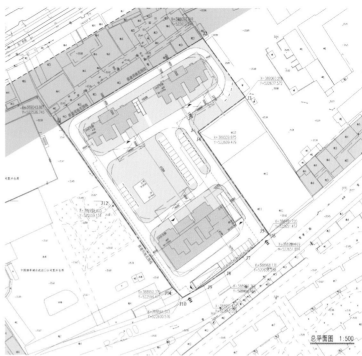

银川湖畔家园

项目经理	刘晓钟、吴静
项目总负责人	刘晓钟、高羚耀、程浩
主要设计人员	高羚耀、张建荣、孟欣、钟晓彤、陈晓悦、李端端、陈晶、成军、周皓、孙义博、贾俊、王昊、惠勇
建设地点	宁夏回族自治区银川市政府西南侧
项目类型	居住建筑
总用地面积（m²）	83.25 万
总建筑面积（m²）	156.9 万
建筑层数	6/9/16/17
建筑总高度（m）	18.9/25.9/47.9/50.8
主要结构形式	剪力墙结构
设计及竣工时间	2005—2018 年

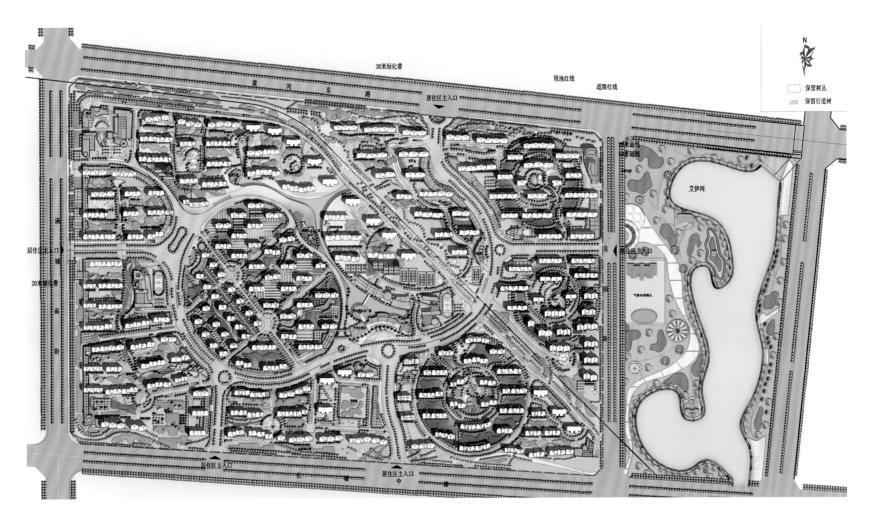

银川湖畔家园位于市政府的西南侧，西临满城南街，北临黄河东路，南至长城中路，东至良田路；总规划面积 98.00 万 m² （含代征绿化带和铁路用地）。总用地面积为 83.25 万 m²，总建筑面积为156.9 万 m²。建筑层数为 6~17 层，容积率为 1.59，建筑密度为 23.7%，绿地率为 35%。

规划特点

项目依据原有的城市肌理和城市道路展开规划，分四期规划建设。一期位于铁路线东北侧，二期位于铁路线西侧及黄河东路南侧，三期位于满城南街东侧及长城中路北侧，四期为中央核心区。

项目定位为纯板式、小高层及高层住宅，同时配有商业配套设施、地下车库。小区内有配套公建和非配套公建，设 2 所小学，其中一所为九年一贯制学校，设 4 所托幼机构。

规划设计重点疏通道路体系，使居住区的主干道能顺畅连接城市道路和各个组团；明晰组团内容，对每个组团进行细致的划分和梳理，保证每个组团有合适的规模，同时兼具自身特色；集中布置公建；考虑到商业的服务半径，在小区适当位置集中布置大型商业设施，同时灵活布置小型超市，满足居民日常需求。

户型设计

户型采用一梯两户，强调采光和通风的重要性，每户主要房间（起居厅、主卧）都能得到南向的光照，起居厅和餐厅南北通透，形成连贯空间，每户至少有一个明卫生间。

户型设计同时强调舒适性和经济性，在保障适度的前提下压缩走道交通面积，合理划分功能空间，做到动静分区、洁污分区，巧妙地根据当地饮食习惯安排储藏空间，提高房型使用系数和得房率。细部设计推敲深入细致，结合立面开窗考虑空调机位的设置。户型设计充分考虑市场需求，以二居室、三居室为主力户型，同时包含四居室、跃层复式、情景洋房等多种产品。由于项目规划建设周期长，下一期户型设计力争在解决上一期问题的基础上，进行创新性优化。

建筑风格和造型

建筑风格融入了现代主义手法、Art-Deco 风格、银川本土特色等，传承了中国传统元素，并有一定的创新。建筑师试图通过色彩、材料、细部等的设计创造一种温和、典雅的居住环境，同时又不失现代、简洁、明快的风格。四期各建筑的立面在建筑色彩、建筑材料及细部设计方面都有各自的特色，具有明显的辨识度。

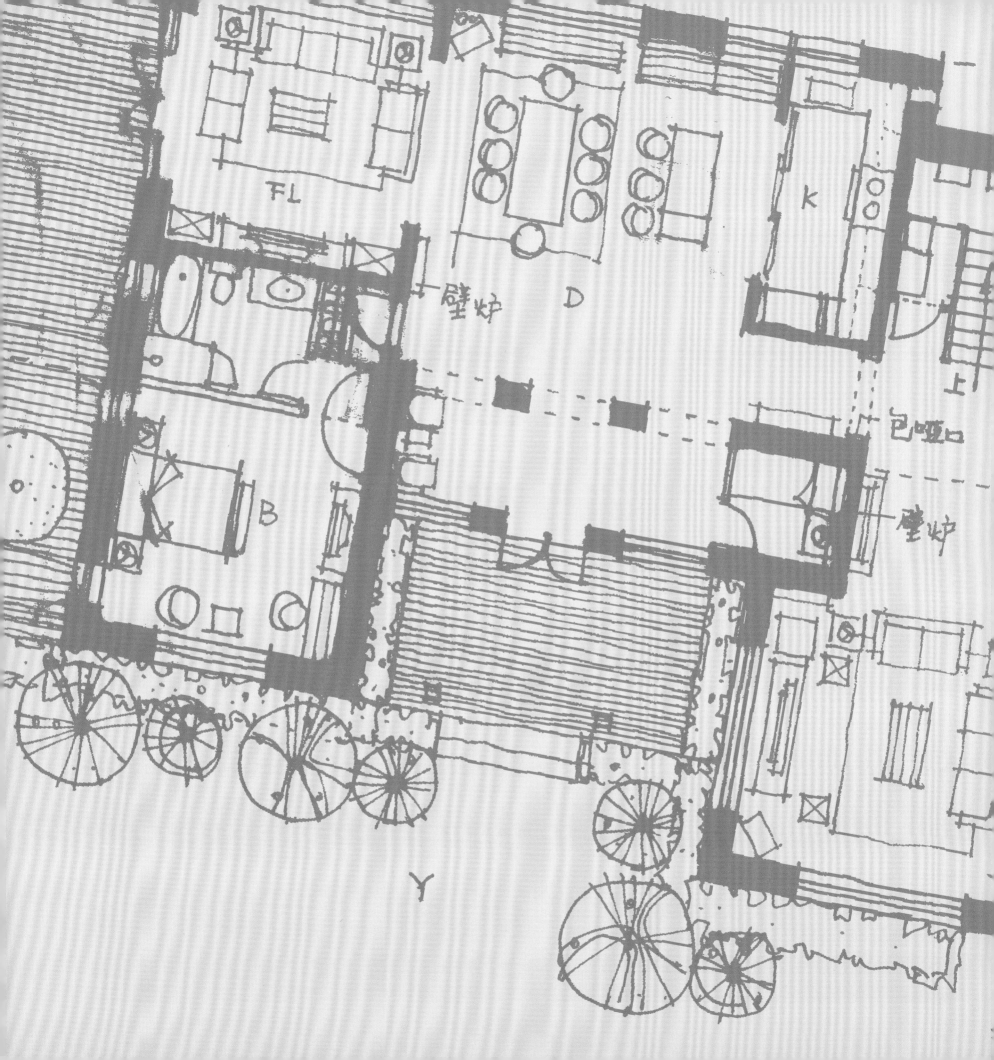

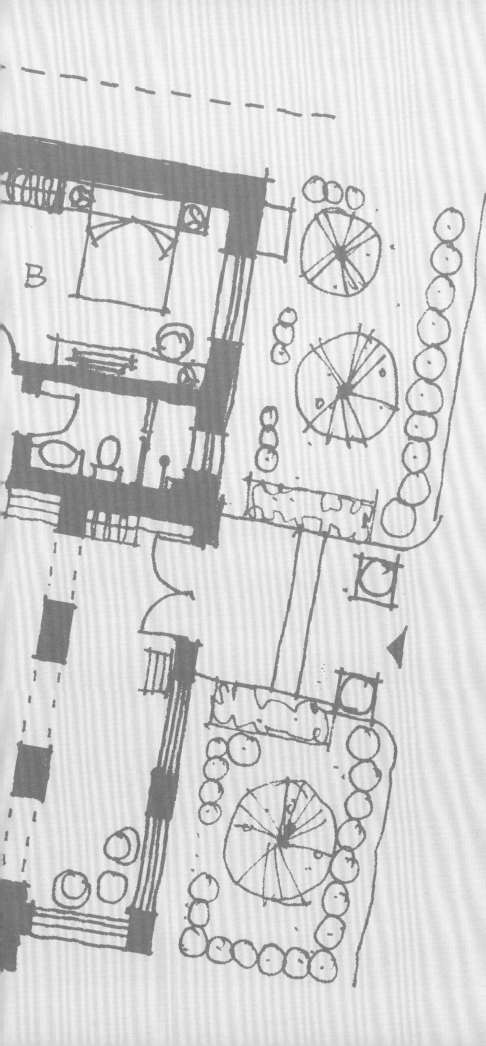

改造利用

城市更新改造是可持续发展的基础
是创造美好生活的源泉
是传承与未来发展的动力

青岛市委党校教学楼改造

项目经理	刘晓钟
项目总负责人	刘晓钟、王亚峰
主要设计人员	刘晓钟、王亚峰、王晨、张崇、于露
建设地点	山东省青岛市崂山区宁德路 18 号
项目类型	公共建筑
总用地面积（㎡）	14.87 万
总建筑面积（㎡）	1.18 万
建筑层数	地上 5 层，地下 1 层
建筑总高度（m）	21.48
设计及竣工时间	2016—2021 年

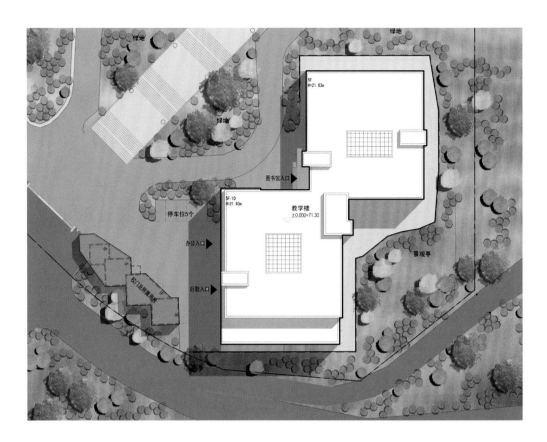

改造前原貌

青岛市委党校教学楼建成于2002年，西临校区道路，东侧及北侧临土坡，东侧土坡上方为益水公司，南侧临党校围墙。建筑周边植被茂盛，基地周边地形较复杂，东侧土坡约11m高，与建筑较近。教学楼西侧设置主入口，教学楼东侧、南侧及北侧现有绿化情况较好，周边场地北高南低。

教学楼分为A座及B座，A座原建筑地上5层，B座地上5层，地下1层，原功能为教学楼。外立面首层为红色石材，2~5层为白色及绿色外墙涂料，与校园整体风格不协调。

教学楼内部存在设备老化、功能配套落后、建筑能耗较大等一系列问题，已无法满足校方的使用要求。B座长年闲置，使用效率不高。本次改造重点主要是外墙节能改造、功能调整及局部结构加固。校方要求结合本次外墙保温节能改造，对建筑外立面进行整合，与校区整体风貌统一。A座内部功能调整为图书馆，B座内部功能调整为行政办公。根据建筑功能需求，改造工程保留建筑的结构框架，进行局部加固处理，对设备机电整体改造。

原教学楼入口设置于A座西侧。改造后将入口改为两处，原A座西侧主要为图书馆主入口，新增B座西侧入口，主要为办公人员使用。

改造后具体各层平面使用功能如下。

（1）地下一层原车库、储藏、配电空间改造为书库、办公门厅、工具间、卫生间、电气用房、设备用房等。西侧原地上双跑楼梯增加至地下一层，并增设2部电梯，连接教学楼B座办公部分，满足办公人员使用。原配电室保留，增加弱电间及报警阀间。

（2）首层原教室改造为：A座——过报（刊库）、书吧、借阅室、新风机房等；B座——办公室、会议室、强弱电间、储藏间等。B座卫生间位置改变，增设办公部分电梯厅。A座增设一部货用电梯，满足图书馆货运需求；B座西侧原地上双跑楼梯增加与地下楼梯的隔断，增加地上出入口，满足消防需要；原配电室区域增加面积，改为弱电间及强电间。

（3）2层原教室改造为：A座——书吧、特藏部、采编部、读者沙龙区、新风机房等；B座——办公室、会议室、强弱电间、储藏间等。原配电室区域改为弱电间及强电间。原排烟道改为电井。

（4）3层原报告厅保留，教室及其他部分改造为：A座——自助朗读区、视听体验区、参考咨询部、读者沙龙区、新风机房等；B座——办公室、会议室、强弱电间、储藏室等。由于防火分区的重新划分，B座3层打通中庭部分，A座保持不变。

（5）4层原放映厅上空构造被保留，教室及

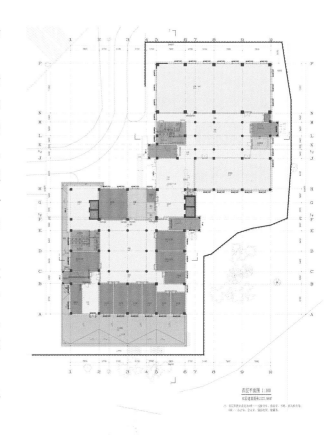

首层平面图 1:100

其他部分改造为：A座——创客空间、会议室、办公室、读者沙龙区、空调机房、新风机房等；B座——办公室、会议室、强弱电间、储藏间等。

（6）5层原教室改造为：A座——展览厅（校史厅）、研讨室、书画厅、读者沙龙区等；B座——办公室、会议室、强弱电间、储藏室等。

在立面处理及外墙节能改造方面，原有形体被简化处理，改造后更简洁，更具时代气息；外饰面材质采用青岛产地石材（与6#学员楼相同），干挂体系；外墙保温材料选用90厚岩棉板，屋面保温材料选用80厚挤塑板。

本次改造过程注重对校园整体规划的延续、节能环保及经济性。改造后，原本闲置的教学楼得到充分利用，满足了校方的使用需求。建筑高度为21.48 m，与多功能楼协调统一，烘托出主楼。校园整体空间形态得到均衡。

青岛市委党校多功能楼改造

项目经理	刘晓钟
项目总负责人	刘晓钟、王亚峰
主要设计人员	刘晓钟、王亚峰、王晨、张崇、于露
建设地点	山东省青岛市崂山区宁德路 18 号
项目类型	公共建筑
总用地面积（m²）	14.87 万
总建筑面积（m²）	5 350
建筑层数	4 层
建筑总高度（m）	24
结构形式	钢筋混凝土框架剪力墙结构
设计及竣工时间	2015—2019 年

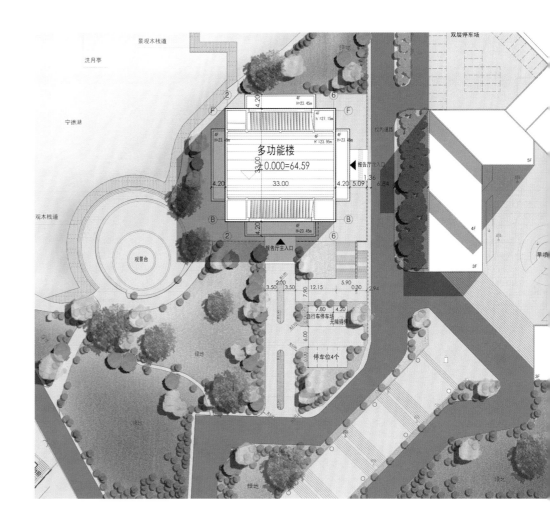

　　青岛市委党校多功能楼建成于 20 世纪 90 年代，西侧临宁德湖，北侧隔宁德湖与 1#、2#、3# 学员楼相对，东侧隔校内道路与综合楼相对。建筑周边植被茂盛，周边地形较复杂，高差较大，西侧临宁德湖一侧地坪低于宁德路约 11 m，北侧临湖地坪低于南侧场地约 9 m。

　　原建筑共 4 层，主要包括学员餐厅、厨房、设备用房、多功能厅及配套房间、乒乓球室、健身房及相应配套房间。改造后总建筑面积 5 350 m²，高 24 m，含室内篮球场一处（兼羽毛球场）、乒乓球场地 200 m²，报告厅一处（座席数约 570 个），健身活动用房及配套房间约 500 m²，综合展览中心约 600 m²。

　　多功能楼南侧设置建筑主入口，沿西侧宁德湖及东侧宁德路不同标高分设出入口。建筑北侧、南侧现有绿化较好。场地周边整体东高西低、南高北低。多功能楼首层东侧外墙及东南角外墙为挡土墙。

　　建筑原有形制为双向对称平面，四角设置 4 个混凝土结构筒体，核心筒位于东北角及西南角。改造基本维持建筑原有平面布局，核心筒位置不变，但对筒内楼梯、电梯布局进行相应调整。改造后各层平面具体使用功能如下。

　　（1）首层包括健身房、活动室、更衣淋浴室、桌球室、设备用房等；

　　（2）2 层包括综合展厅及设备用房；

　　（3）3 层主要包括报告厅及相应配套房间，如贵宾休息室、接待室、卫生间、服务间、声光控制室。

　　（4）新增设备夹层，主要布置空调机房。

　　（5）4 层为篮球、羽毛球、乒乓球活动场地及相应配套，如更衣淋浴室及贵宾休息室。

　　（6）屋顶设机房层，设置空调机房两处及电梯机房一处。

　　4 层篮球场面积较大，屋顶采用钢结构钢拱屋面，实现了大跨度无柱空间。

　　由于建筑功能复杂，故结合周边台地环境，首

改造前原貌

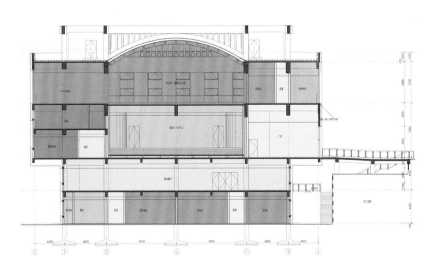

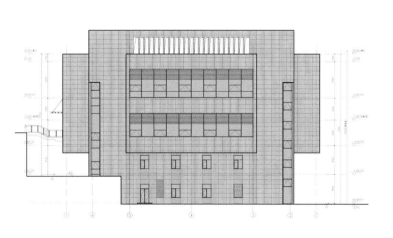

层、2层、3层分别设置直接对外出入口，既便于各层防火疏散，又保证各层功能互不干扰。各层分设入口，使各自主要流线清晰。首层健身活动功能及顶层篮球、羽毛球、乒乓球活动场地通过内部电梯及楼梯垂直连通。3层报告厅及2层展厅均有对外出入口，流线互不干扰。报告厅单独设置贵宾休息室及通道，与学员流线相对分离。

本着节能环保及经济性原则，改造团队对外墙、外窗进行了节能防水改造，大幅减少了建筑的能耗。外立面石材选用当地产樱花红石材，进货方便，减少运输成本。

项目设计注重造价控制，在保证质量，满足实用性与经济性的基础上，使建筑布局合理，功能完善，流线清晰，在功能复杂的情况下实现人员分流，使用方便，充分满足校方的使用需求，受到校方好评。

本工程为多功能楼改造，本次改造拆除3~4层，保留1~2层。根据方案，改造后建筑新建3~4层，并对原结构不符合要求处进行加固设计。结构形式为现浇框架剪力墙结构，抗震设防烈度7度，抗震设防类别为丙类，设计地震分组为第二组。本工程采用独立基础，地上结构部分通过设置后浇带、加强建筑保温等措施解决混凝土温差收缩问题。现建筑已投入使用，反映良好。顶板主体采用主梁大板及主次梁梁板体系，屋顶篮球场顶采用拱形钢结构屋面。对于承载力不足的楼板，采用粘贴碳纤维布进行加固；对于承载力不足的梁，根据实际情况，采用粘贴钢板、增大截面法进行加固；对于承载力不足的柱，采用增大截面法、粘贴型钢法进行加固。屋顶结合建筑造型，采用钢拱形式，节约材料，也增加了净高。改造团队通过现场与施工单位交底、与其他工程比较、现场施工证明，这是比较合理的方案。优化后的建筑平面布局及混凝土竖向构件尺寸既满足规范规定的整体刚度的要求，又有效节约了混凝土用量，减轻了结构自重，发挥了抗震作用，同时也满足了建筑功能的需求，做到了精细设计，得到了甲方的好评。

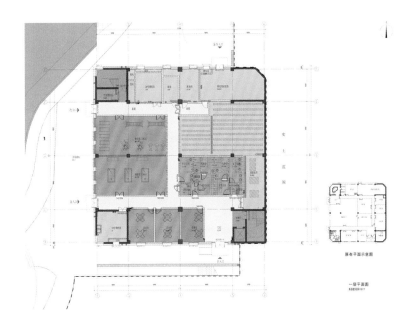

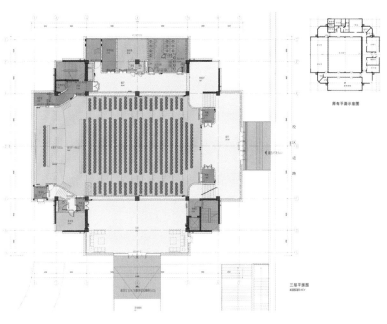

北京丰台日料店建筑改造及室内精装修工程

项目经理	刘晓钟
项目总负责人	刘欣、刘媛欣、吴建鑫
主要设计人员	刘晓钟、刘欣、刘子明、吴建鑫、刘媛欣、王路路、 莫定波、王钊
建设地点	北京市丰台区南四环西路总部基地
项目类型	公共建筑
总用地面积（m²）	1 994
总建筑面积（m²）	411
建筑层数	1 层
建筑总高度（m）	5.76
结构形式	钢结构
设计及竣工时间	2013 年 7 月—2014 年 2 月

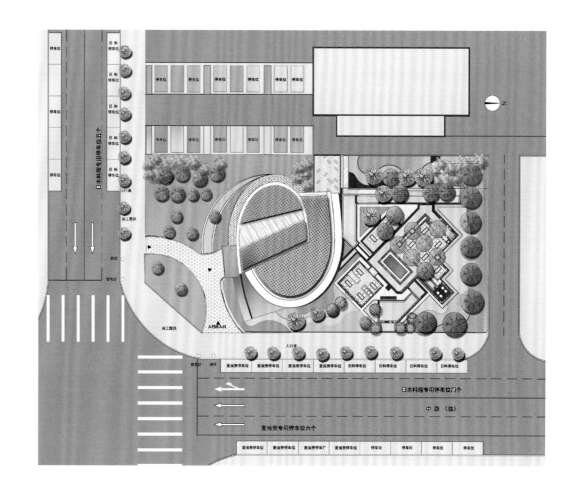

　　本案为日式料理店建筑改造及室内景观设计整合项目。樱花树有繁荣与丰收之意，也是日式风格中最具代表性的符号，所以本案以樱花为主题，在时尚的空间内融入东方印象，让客人饕餐之余将落樱飞雪尽收眼底。立面大面积采用玻璃、生态木与不锈钢穿孔板的穿插结合，使得立面隐隐透出室内灯光下日式禅风的静谧，室内入口处一侧的窗外水景则有使室内的日式禅意向外延伸的张力，现代城市的喧闹与日式的和静清寂在这里悄然碰撞。

　　餐厅经营餐品类别多元化，以中餐、日餐为主，辅意餐和法餐，所以对装修风格的定位就不能以传统日式手法来统一处理，业主希望以现代风格为主，融入些自然质朴的日式元素。设计者特别以对比的设计手法，强调光线的表现，因此室内运用大量深色木材，以降低亮度。入口处日式窗格透露些许日式禅风的静谧意象，配以窗外流水小景，适时展现空间中的对比与张力。为了防止室外光害，在照明方面，包厢外的穿孔幕墙营造出斑驳变幻的光影效果。有浓厚日式韵味的云纹门营造出属于东方的时尚。

岛台区以传统的木质灯箱搭配传统纹样布艺营造出自然的韵味。在半开放式的卡座区，沉稳的驼色系家具摆设结合反射感极强的天花，配以日式禅风质感的竹帘，营造出时尚又有独特文化特色的用餐环境。

　　日料店平面布局合理，装饰构件既满足了甲方对其功能性的要求，又满足了空间装饰效果。室内与建筑改造的一体化设计升华了整体空间，整合了内外关系，相对完整地表达了建筑师对公建设计的思考。

南锣鼓巷蓑衣胡同 11 号院

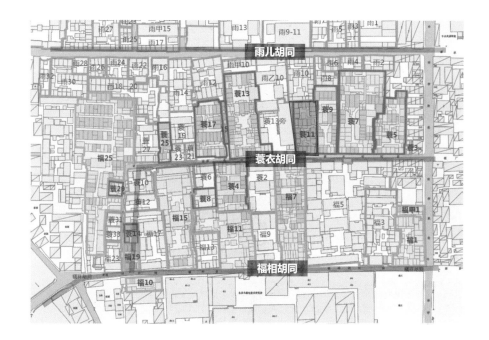

项目经理	刘晓钟
项目总负责人	刘晓钟、吴静
主要设计人员	刘晓钟、吴静、曹鹏、王漪澂、王伟
建设地点	北京市东城区南锣鼓巷蓑衣胡同 11 号院
项目类型	居住建筑（改造）
总用地面积（㎡）	607.37
总建筑面积（㎡）	329.13
建筑层数	1 层
建筑总高度（m）	4.2~5.9
主要结构形式	木结构
设计及竣工时间	2019—2022 年

本项目为南锣鼓巷四条胡同及院内综合整治提升项目中的一个院落。现状情况如下。

蓑衣胡同 11 号院位于蓑衣胡同中部偏东的位置，东邻蓑衣 9 号院，西邻蓑衣 13 号院。院落为二进四合院。院内有 3 栋自建房，但整体格局未被破坏。院内原共计 21 户，腾退 19 户，留住 2 户；另有一户为无关联自建户。

改造前，院落相对完整，格局尚存，历史元素可辨，入口为如意门，结构稍有变形，原墙体砌筑精细，为传统建造形式，部分木构件保存尚好，部分墙体为红砖墙，正房屋顶瓦屋面为水泥平瓦，传统屋脊尚存。

项目初期设计团队提出 4 个问题。

（1）院内房屋的修缮如何定位？

（2）如何满足留住户居民的使用要求？

（3）腾空房屋的功能如何定位？

（4）如何提升院落环境？

在项目的推进过程中，以上问题逐渐明朗。

对于修缮的定位，经过现状分析以及工作组

历史沿革：民国时期，当时万庆当铺的店主住在蓑衣胡同 8–14 号

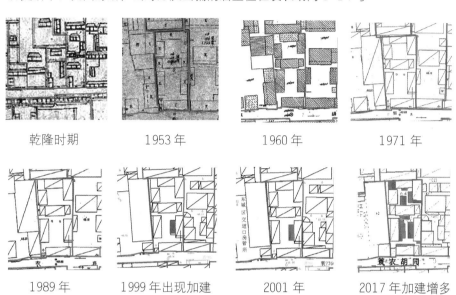

乾隆时期　　　　1953 年　　　　1960 年　　　　1971 年

1989 年　　　1999 年出现加建　　　2001 年　　　2017 年加建增多

的沟通及努力，拆除所有自建房，恢复传统格局；从腾退状态、修缮类型、现状分类几个方面，对每栋房屋进行逐一评估定性；对保留建筑进行修复、修建。

本项目最开始定位为共生院落，留住户与公共功能共存。在此定位条件下，设计团队的推进工作不单纯是纸面设计工作，还配合群众工作组进行留住户沟通工作，针对留住户进行一户一设计，并为其介绍方案。中期，在工作组的努力下，最终全院腾退。院落的定位从承载部分居住功能调整为纯办公功能。在此基础上，设计团队调整设计方向，合理布置办公及会议功能，院落中集中设置厕所，同时在空间较大的房间内预留上下水条件，便于为后期使用功能转变提供可能性。

对于院落环境的梳理，整体策略为整合室外空间，梳理铺装甬道，补种树木，利用边角空间解决附属功能；梳理场地铺装，露出基座台基，隐蔽电箱电线、空调机位等。

在修缮技术措施方面，吸取了专家组及老师

改造前原貌

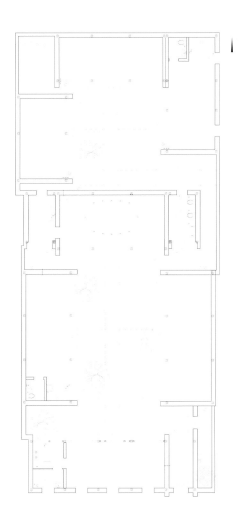

傅的经验建议，部分工艺采用传统的形式；维持原五檩无廊式的构架形式，墙面采用下碱（砌筑厚于上部墙体）整砖上身或者海棠池上身，砖为开条老砖磨砖对缝，山墙顶部为方砖博缝，墙体留有花砖透风。门为格栅门，窗为支摘窗（灯笼锦纹样），屋面采用合瓦正脊。院落方砖墁地，采用龟背锦，立砖铺柳叶人字纹及席纹。院落采用隐形排水沟，地灯点缀，并留有实土绿地为后期配种树木留有空间。

在传统院落修缮的实践中，设计团队从空间、建造、场所的角度出发，解决在传统建筑空间尺度中满足现代人们生活工作需求的问题；在相对局促的房间空间中寻求多义性空间的可能性，尽量保证内部空间的完整，使其具有可变性，以满足不同的功能需求；提取传统形式，总结抽象类型，用现代工艺还原印象记忆；以标本保留的方式，修旧如旧，延续传统手艺；适度复原历史年代中的人文场景。

新闻出版广电总局老旧小区综合整治项目（一期、二期）

项目经理	刘晓钟
项目总负责人	尚曦沐
主要设计人员	刘晓钟、吴静、尚曦沐、胡育梅、孙喆、金陵、李秋实、 庞鲁新、王健、马健强、欧阳文、程鑫
建设地点	北京市西城区复兴门南大街
项目类型	居住区改造
总建筑面积（m²）	15.79 万
建筑层数	20 层
建筑总高度（m）	57.8
主要结构形式	钢筋混凝土结构
设计及竣工时间	2013—2018 年

广电总局老旧小区综合整治项目位于北京市西城区长安街南侧，周边建筑建设年代较为一致，住宅、商业和办公建筑并存。项目结合"十三五"既有住宅节能改造的要求，对建筑主体及周边配套环境进行有针对性的改造和提升。

改造方案立足原有居住区老龄化较为严重的现实，秉承"建设老年友好社区"的原则，不仅仅局限于建筑层面的节能改造提升，还以适老性改造为先导，从以下 4 个方面对社区形态和精神面貌进行重新定义。

积极老龄化：旨在构建一种"快乐有尊严"的自主养老生活。与国内将老年人看作被关注、被照顾的对象相反，在国外"积极老龄化"已经逐渐成为主流。这种思想认为，人在此年龄阶段不仅具有丰富的知识和经验，同时还拥有足够时间供自己安排，可以按照自己的愿望发挥自身潜力，达到自我实现的境界，是人生的顶峰。因此，项目在社区氛围营造中树立了独立不依、积极健康的老年价值观。

　　老旧住宅改造资源利用：建筑空间是建筑功能的载体，本方案通过调研和统筹归纳，利用原有的自行车车棚和社区室内室外空间，结合外来社会资源，注入适老化的老年活动内容。

　　聚焦老人：在现今社区生活中，老年人是社区活动的主要服务对象，按照时间分布计算，社区也更多地承载了老年人的日常生活，本方案注入的社区活力通过释放老年人群的发展潜能和主观能动性，让老人成为社区活力的引擎，让他们不仅成为社区生活的受益者，更成为社区发展的参与者。

　　居家养老：人们最想要的也最积极的养老形式还是"居家养老"，因此在改造的模块中，尽可能地注入智能化的居家养老设施，让老旧小区也可以享受到智慧系统带来的养老便利。

　　基于上述理念，改造方案除进行节能改造之外，还包括为原有多层住宅增设电梯、增添及更换休息座椅及其他服务性设施、增加无障碍扶手等有利于老年人活动的设施。

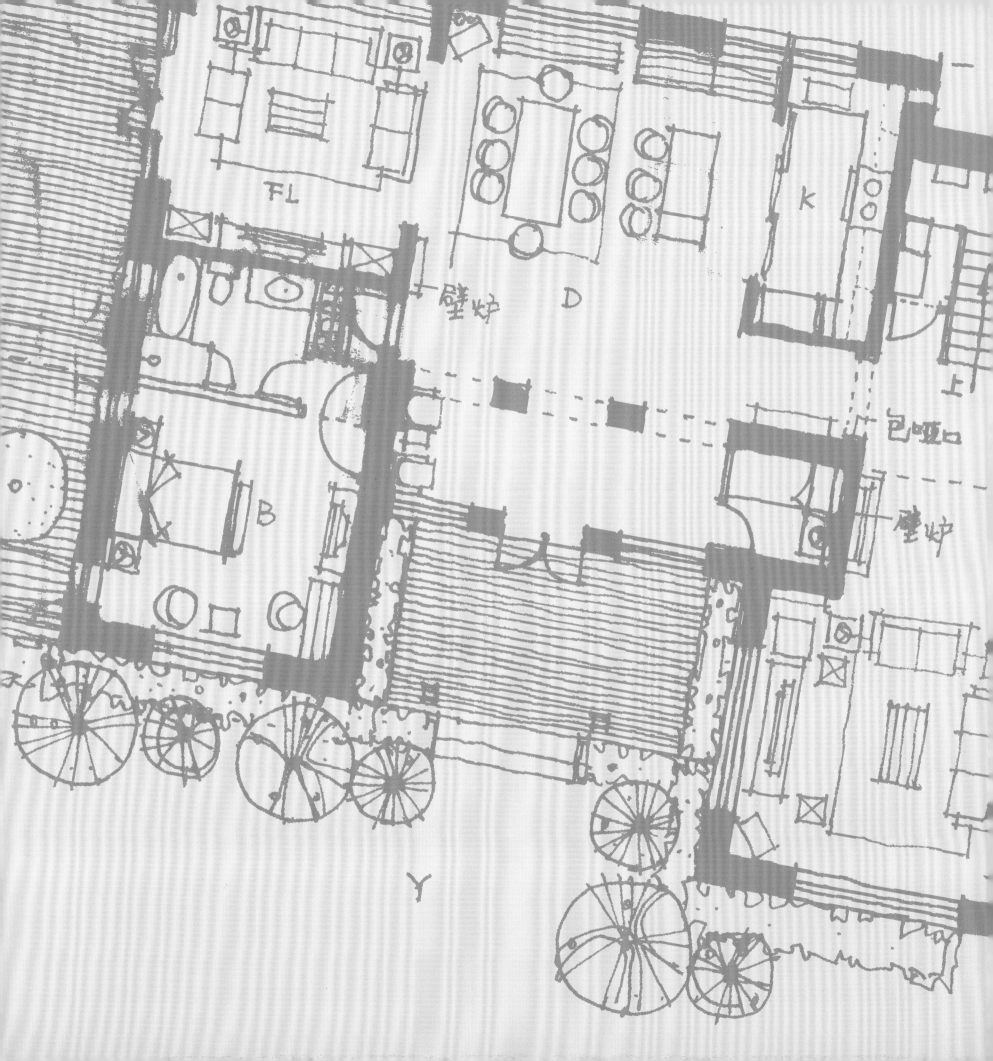

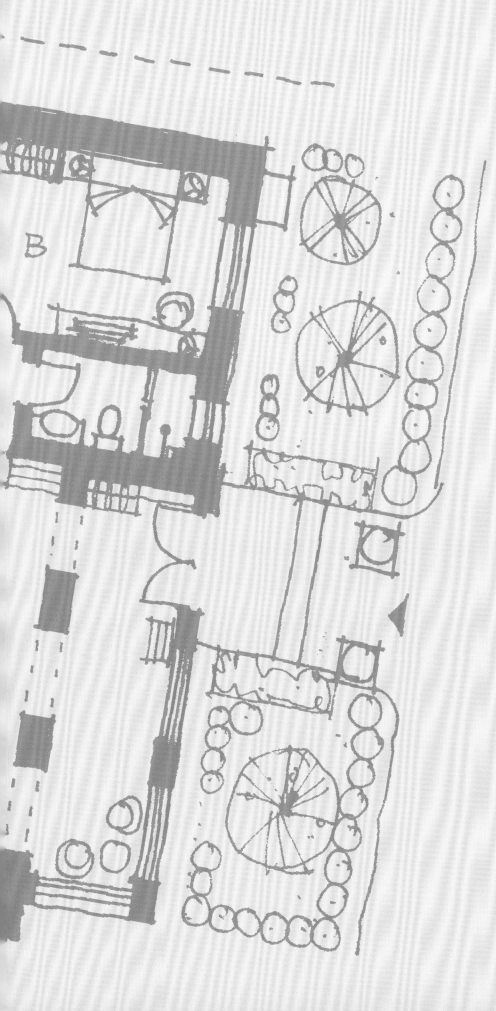

公共建筑

作为建筑师要有定力

要在各式各样"主张""卖点""概念"中

发现问题

找到真正有助于设计的

理性感悟

青岛国际贸易中心

项目经理	刘晓钟
项目总负责人	刘晓钟、王琦、胡育梅
主要设计人员	刘晓钟、王琦、胡育梅、尚曦沐、吴静、崔伟、王亚峰、 徐超、孙喆、张羽、金陵、张亚洲、杨凤燕、李端端
建设地点	山东省青岛市市南区香港中路
项目类型	城市综合体
合作设计方	德国 GMP 建筑师事务所、青岛北洋建筑设计有限公司
总用地面积（m²）	5.99 万
总建筑面积（m²）	33.53 万
建筑层数	地上 33 层，地下 4 层
建筑总高度（m）	98.55
主要结构形式	钢筋混凝土框架剪力墙结构
设计及竣工时间	2009—2012 年

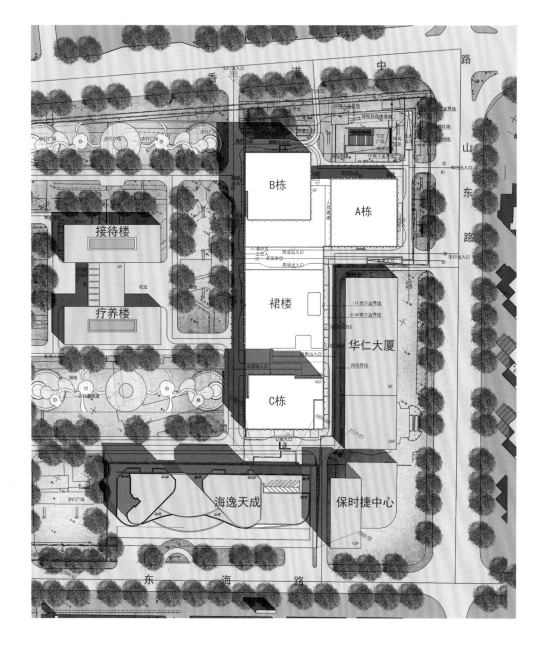

青岛卓越的自然环境、特有的"山、海、城"景象、具有特色的历史文化风貌、近现代优秀建筑、优美的海滨轮廓线形成独特的城市景观。市区南部滨海带地形北高南低，风景优美，空气清新，气候宜人，是著名的旅游胜地。

本项目位于香港中路与山东路的交会处，地理位置十分优越。项目包括高端写字楼、国际标准五星级酒店、高档住宅公寓及面向半岛城市群、国内外游客和青岛市中高档收入消费群体的商业、餐饮、休闲娱乐场所等。设计的指导思想是使青岛国际贸易中心成为集零售、餐饮、休闲、办公、居住等诸多功能于一体的大规模、综合性、现代化、高品质、达到国际标准的"城市综合体"，体现现代商业文明，使其成为地区的标志性建筑和城市亮点。

建筑群体由 3 栋超高层建筑及整体裙房组成，建筑采用具有青岛特色的"现代城堡"风格，通过独特、明确的建筑语汇实现传统与未来的完美结合。建筑通过不同楼层的进退，形成非常丰富的立面层次。贯穿整体的竖向线条营造出强烈的垂直感，形象简洁，标志性强。建筑顶部挺拔，与城市天际线建立了呼应关系。无论是面对城市一侧，还是面海一侧，青岛国际贸易中心都确定了城市天际线。

项目面向城市道路交叉口设置了开放广场，并延伸到山东路东侧，形成具有高度标识性的城市空间，在优化城市综合体交通体系的同时，也为城市提供尺度宜人的步行场所。

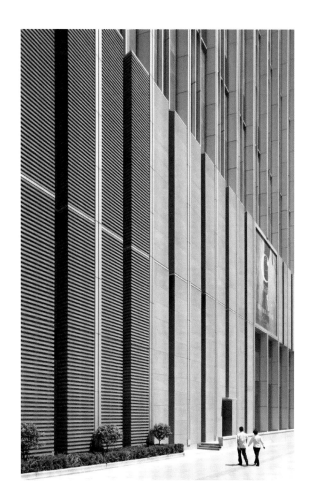

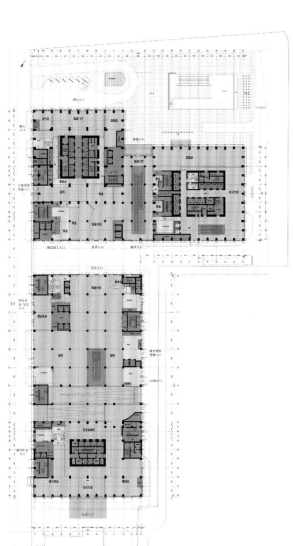

北京城市副中心 0701 街区家园中心

项目经理	尚曦沐
项目总负责人	尚曦沐、胡育梅
主要设计人员	尚曦沐、胡育梅、刘乐乐、董鹏、牛鹏、曹鹏
建设地点	北京市通州区宋庄镇
项目类型	城市综合体
合作设计方	天津华汇工程建筑设计有限公司
总用地面积（㎡）	3.47 万
总建筑面积（㎡）	26.00 万
建筑层数	地上 14 层，地下 3 层
建筑总高度（m）	60
主要结构形式	钢结构 + 剪力墙结构
设计及竣工时间	2020 年至今

场地南北向剖面

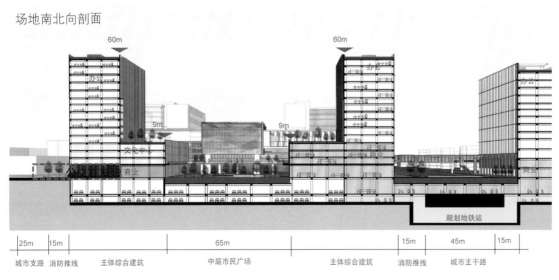

在综合研读设计任务书及整体 0701 街区城市设计导则之后，设计团队发现在家园中心城市综合体设计中，存在以下挑战需要重点处理：地块紧凑，容积率高，规模大，功能复杂，同时接驳地铁、公交线路，有商业、办公人流，步行与车行交通流线交叉、复杂，既要立足于服务本社区（0701 街区）居民，也需要考虑辐射周边较大区域。

在整体 0701 街区中，家园中心建筑综合体的设计需要以一站式服务为中心，凸显"服务"角色，使整个建筑综合体在整体街区功能中形成引领地位，真正落实为居民提供与生活密切相关的服务功能（内容涵盖从日常行政服务到养老设施维护的综合服务）。

设计团队落实、承接城市设计导则，提升家园中心的建筑形象，构建步行便利、办公与商业和谐共生的核心社区；创造多维度、多层次的城市共享开放空间，塑造具有标志性的鲜明城市形象，打造 0701 街区组团的区域标志。

设计团队构建完善的商业空间，弥补周边社区商业服务设施分散的不足，充分体现"中心性""综合性"；提供大空间类的公共服务商业设施，如室内体育设施、影院剧场；打造活力街区会客厅、时尚新中心；提供造价经济、使用高效的办公空间、酒店等基本城市功能单元，完善城市区域配套设施，提供包括办事大厅、老年服务中心、便民超市、综合商业服务设施、影院、健身房等复合功能空间。

设计团队从大局出发，构建生态廊道，赋予空间景观以文化内涵。街区、建筑及其环境布局设计人性化、生态化，空间环境宜人和谐。规划采用疏密结合的布局方式，同时从中心绿地引入景观廊道，加强与城市绿地的连通性；充分利用屋顶绿化空间，营造惬意、自然的氛围和高雅、宁静的空间格调。

方案生成
场地条件分析与调整

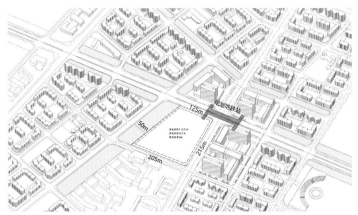

家园中心场地条件: 西侧有 50 m 宽 T 形绿带, 用地临地铁站, 承担地铁、公交、慢行系统转换功能, 流线复杂, 功能多样

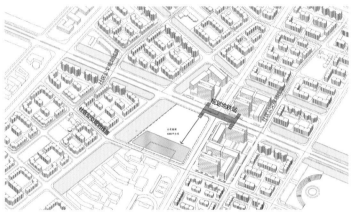

在现有场地社区公交线路规划条件下, 将公交枢纽置于南侧支路, 保证商业设施的完整性, 避免影响商业人流, 缓解地铁的人流压力, 同时结合地铁促进商业活力

商业设施可沿慢行系统布置, 同时作为公交换乘区与慢行系统的连接纽带, 形成 "三明治" 式的流线组织, 充分利用商业延展面, 在保证各流线效率的同时, 最大限度避免流线交叉, 使慢行、地铁、商业、公交、办公 5 条流线各成体系, 各司其职

绿地景观慢行系统可以渗透至建筑内部, 形成部分首层架空空间和室内绿地, 增加商业延展面, 营造和谐通畅的流线关系

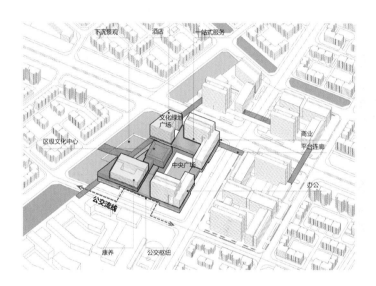

青岛市委党校学员综合楼

项目经理	刘晓钟
项目总负责人	刘晓钟、王亚峰
主要设计人员	刘晓钟、王亚峰、丁倩、李树靖、孟欣、 马晓欧、刘子明、刘欣、尹迎、李文静
建设地点	山东青岛市崂山区宁德路18号
项目类型	公建
合作设计方	中共青岛市委党校
总用地面积（m²）	6 400
总建筑面积（m²）	1.3万
建筑层数	5层
建筑总高度（m）	21.3
设计及竣工时间	2009—2011年

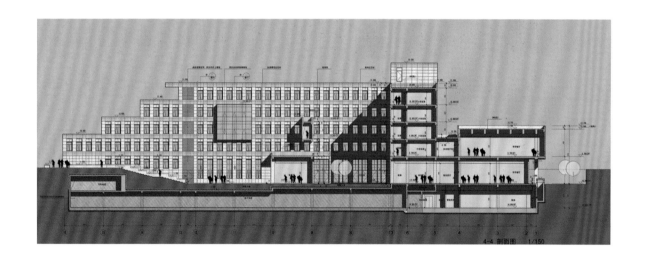

本项目位于青岛市崂山区，总建筑面积为1.3万m²，主要由学员餐厅、学员宿舍、地下车库3部分功能组成。用地东西狭长，南北高差较大，为不规则楔形，周边景观条件较好。

建筑形体线性展开，对北侧宁德湖、南侧海面及岛城景观、东侧校内景观资源的利用实现最大化。建筑形体退台跌落手法的重复使用一方面避免建筑对校园内部和青岛海面的视线通廊的阻断，同时使建筑形体与校园原有建筑及地貌跌落形态相呼应。

在建筑空间处理上，在有限用地内，设计通过内部庭院整合解决南北侧高差问题，同时增加空间的趣味性；增设空中连廊，促进前后两个建筑单体在空间上的连接，同时增加内部空间的趣味性。外立面选用青岛产石材干挂与深灰色幕墙及金属框料组合，力求从材质表现这一角度体现建筑简洁与厚重兼具的性格。

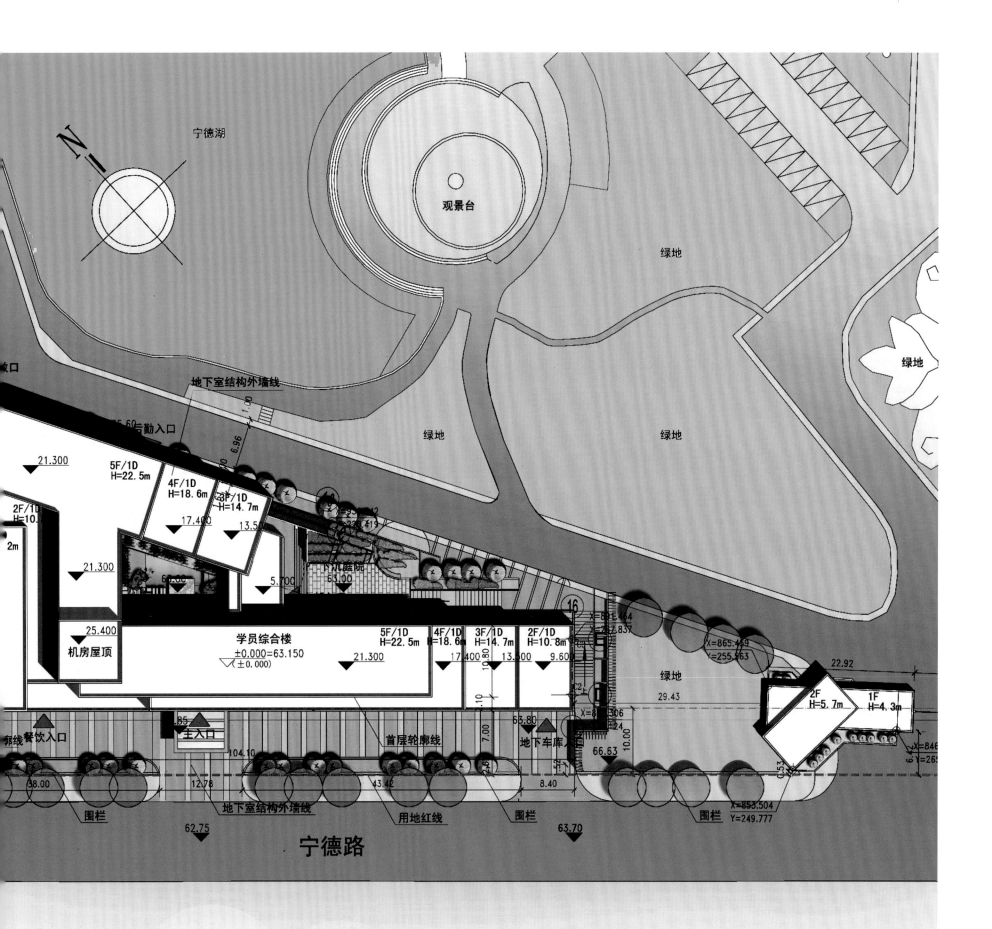

宁德湖

观景台

绿地

绿地

绿地

地下室结构外墙线

▽ 21.300

5F/1D
H=22.5m

4F/1D
H=18.6m

3F/1D
H=14.7m

2F/1D
H=10.

17.400

13.5

5.700

21.300

绿地

绿地

22.92

学员综合楼
±0.000=63.150
▽(±0.000)

5F/1D
H=22.5m

4F/1D
H=18.6m

3F/1D
H=14.7m

2F/1D
H=10.8m

2F
H=5.7m

1F
H=4.3m

25.400

机房屋顶

21.300

17.400

13.500

9.600

首层轮廓线

地下车库入

围栏

地下室结构外墙线

用地红线

围栏

围栏

62.75

63.70

宁德路

青岛大学

北京金茂绿创中心

项目经理	刘晓钟
项目总负责人	刘晓钟、吴静
主要设计人员	尚曦沐、胡育梅、刘乐乐、金陵、张龙
建设地点	北京市朝阳区来广营中街
项目类型	商业金融
总用地面积（㎡）	2 800
总建筑面积（㎡）	9 800
建筑层数	地上 7 层，地下 3 层
建筑总高度（m）	30
主要结构形式	装配整体式剪力墙结构
设计及竣工时间	2017—2019 年

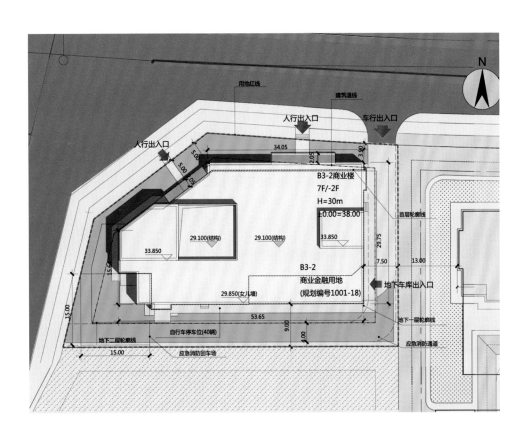

北京金茂绿创中心是朝阳区来广营乡商业金融储备项目 B3 组团项目的收尾子项。在严格的设计限制条件下，设计团队充分挖掘用地潜力，满足上位设计对本地块的要求，坚持以人为本、绿色健康的设计理念，充分考虑北京地区城市生态环境因素，营造典雅大方、安全便捷尺度宜人并别具特色的场所空间和可持续发展的办公环境。

由于可用的建筑基地面积小，在建筑空间组织层面，设计团队打破传统办公建筑中核心简居中的设计方法，将标准层主要出入口设置在东西两侧，解放中部空间，形成较大的完整空间，有利于后期的灵活布置。为了充分利用土地，北侧 2 至 7 层向外悬挑，在满足城市退线的基础上，最大限度地挖掘用地潜力。

建筑外立面采用现代主义设计手法，以米色石材、玻璃幕墙为主与周边居住建筑总体基调协调统一。但外窗的处理方法采用两层一组的单元式设计，形成"和而不同"的城市区域形象。建筑体块的穿插变化形成城市中的趣味空间。

建筑通过了中国被动式超低能耗建筑标识、绿色建筑三星级设计标识、美国 LEED 铂金级等认证。

青岛银丰·玖玺城商业商办项目

项目经理	徐浩
项目总负责人	刘晓钟、徐浩、王亚峰
主要设计人员	K-5 地块：刘晓钟、王亚峰、代海泉、于露、龚梦雅、乔腾飞、彭逸伦、褚爽然
	A-3 地块：刘晓钟、王亚峰、乔腾飞、张崇、代海泉、彭逸伦
建设地点	山东省青岛市崂山区山东头路
项目类型	公共建筑 / 超高层写字楼 & 五星级酒店
合作设计方	（A-3 地块）中国建筑上海设计研究院有限公司
总用地面积（㎡）	5.71 万
总建筑面积（㎡）	48.03 万
建筑层数	办公楼 33 层、32 层、40 层 / 酒店 26 层
建筑总高度（m）	5 栋高度分别为 100m/100m/100m/150m/182.4m
主要结构形式	钢筋混凝土框架结构
设计及竣工时间	2020 年至今

A-3 二期地块项目概述

项目用地位于崂山区梅岭西路以南、香港东路以北、山东头四号路以西、山东头二号路以东。地块性质为商住，其中 A-3 二期共 2 栋塔楼，1 栋为酒店，1 栋为的超高层写字楼。裙房 5 层，功能为办公、商业及酒店配套。

设计理念

设计充分融合地域文化与城市景观，将项目塑造成独特的城市商务地标，总体布局兼顾城市核心对于土地高效利用的要求及观山瞰海视线通廊的天然条件，在自然环境中营造高端商务氛围。建筑形体简洁流畅，整体建筑群充满活力，增强城市主干道秩序感，提升并丰富金融核心区城市空间及区域形象。项目以升级金融核心区地标、构筑多元化城市活力平台为目的，打造集高端写字楼、星级酒店、商务配套于一体的顶级城市商业综合体。

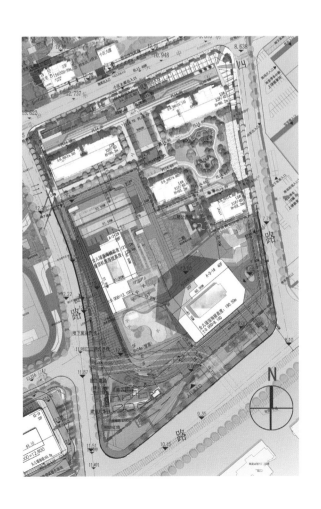

K-5 地块项目概述

项目用地北靠浮山，南临石老人海水浴场，自然景观资源丰富；场地邻近居住区，满足居民区日照要求的同时合理组织场地内部功能流线是设计人员面临的巨大考验。地块性质为商业商务混合用地，共 3 栋写字楼，2 栋为建筑最高点海拔约 128.3 m 的高层写字楼，1 栋为建筑最高点海拔约 165.5 m 的超高层写字楼。裙房 5 层，功能为办公及商业。

设计总体布局兼顾城市核心对于土地高效利用的要求及观山瞰海视线通廊的天然条件，充分融合地域文化与城市景观，塔楼角部采用无柱圆角布局形式，顶部、中部增设空中花园，提供多层次的城市公共空间，在自然环境中营造高端商务氛围，将项目塑造成独特的城市商务地标。建筑形体简洁流畅，同旁边地块一道营造充满活力的建筑形象，以升级金融核心区地标、构筑多元化城市活力平台为目的，打造集高端写字楼、星级酒店、商务配套于一体的顶级城市商业综合体，为企业提供集智慧、科技、绿色、健康于一体的总部办公基地。

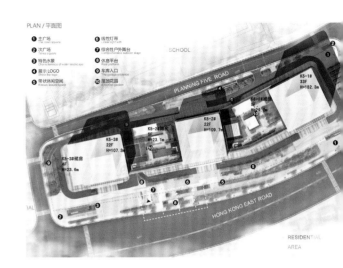

过程方案演进

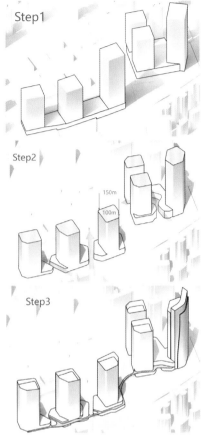

Step1

Step2

150m
100m

Step3

内蒙古巨华呼和浩特市医院商业项目

项目经理	刘晓钟
项目总负责人	刘晓钟、高羚耀
主要设计人员	赵蕾、许涛、王伟
建设地点	内蒙古自治区呼和浩特市玉泉区二环路以南
项目类型	商业
总用地面积（㎡）	9 731
总建筑面积（㎡）	3.59 万
建筑层数	17 层
建筑总高度（m）	60.1
主要结构形式	框架剪力墙结构
设计及竣工时间	2012—2019 年

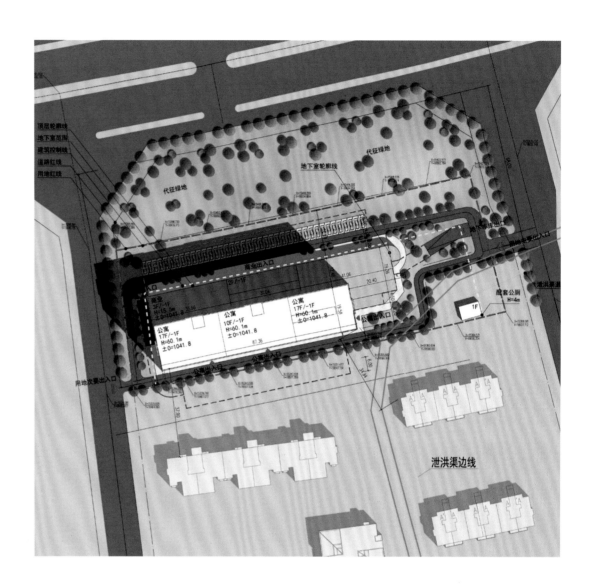

体现时代特征的整体设计

内蒙古巨华呼和浩特市医院商业项目坐落于呼和浩特市二环南路以南，辛辛板南路以西，东侧是呼和浩特市第一医院。该区域交通便利、环境优美，有十分和谐的城市环境和城市地域空间。本项目建筑用地 9 731 ㎡，总建筑面积约 3.59 万 ㎡，其中地下 6 800 ㎡，地上 29 137 ㎡，容积率控制在 3 以内。建筑 3 层以上为酒店、Loft 和酒店式公寓 3 种业态形式。3 层及以下为配套商业区，地下一层为停车场。

建筑采用塔楼和裙房相结合的方法，因为建筑塔楼和裙房并不是完全的对称形态，所以在裙房第 3 层的处理上通过对玻璃幕墙的使用，采用"虚""实"结合的处理方法，在视觉上使整座建筑达到一种均衡、稳定的状态。

建筑的界面是建筑体现时代感的重要塑造者，也是和所处环境共同塑造出场所感的营造者。细节的设计突出了建筑师对品质的要求，石材、玻璃幕墙和黑色装饰铝板的运用展现了建筑师对精致的商业场所的追求。建筑师希望

通过对细节的追求提升建筑格调，展现时代的发展给城市建筑带来的变化。

在项目的设计中，建筑师充分考虑了时代发展对建筑品质提出的更高要求，将以人为本的理念贯彻到设计当中，对诸多细节进行统筹考量，优化了建筑的适用性。从需求出发，以受众为导向，研究商业建筑设计的表达途径和方法，这是建筑师推动社会进步的思考。

廊坊市民服务中心

项目经理	刘晓钟
项目总负责人	尚曦沐、胡育梅、张羽、王亚峰
主要设计人员	胡育梅、尚曦沐、王亚峰、张羽、孙喆、王健、张亚洲、刘昀、郭辉、李秀侠、刘乐乐、金陵、任琳琳、朱祥、肖采薇、马健强
建设地点	河北省廊坊市广阳区建设北路 60 号
项目类型	行政办公、市民服务、会议中心
总用地面积（㎡）	23.54 万
总建筑面积（㎡）	16 万
建筑层数	地上 10 层，地下 3 层
建筑总高度（m）	40.15
主要结构形式	钢筋混凝土框架剪力墙结构
设计及竣工时间	2011—2019 年

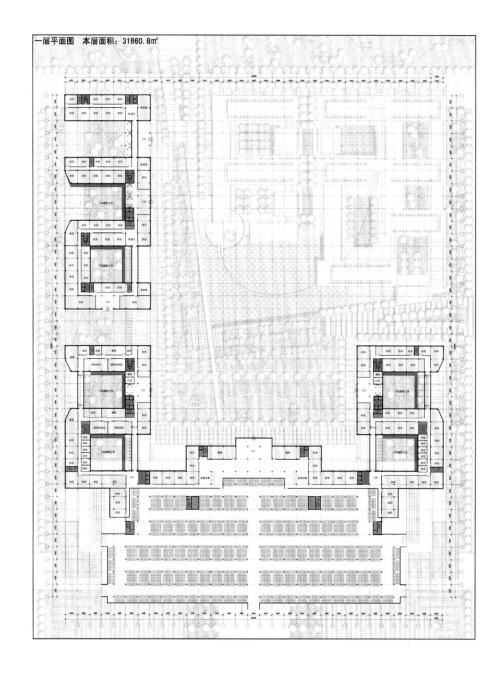

一层平面图 本层面积：31860.8㎡

廊坊市处于京津城市带上，连接两个直辖市，充满生机活力，有着"京津走廊明珠"和"联京津之廊，环渤海之坊"的美誉。为满足城市发展需要，廊坊市规划提出"一轴一廊两环八中心"城市功能空间主框架，刘晓钟工作室于 2011 年参与设计的新的市民服务中心是其中的一个重要节点。

市民服务中心地处广阳区，与丹凤公园一路之隔。用地被祥云北道划分为南北两区。北区规划为行政办公区，用地面积 16.2 万 ㎡；南区规划为会议中心和行政办事中心，用地面积 7.34 万 ㎡。

行政服务中心设计以"融合"的理念表达公正与亲民。规划设计通过园林式办公群落、分散与集中的园林景观、不同空间层次的休憩空间来营造亲民的行政服务中心。项目设计以"院•合苑"为概念，以廊坊城市起源为立意，引入中国传统合院概念，将服务中心设计成景观院落，通过廊道连接形成多层次的立体合苑空间，营造市民服务"聚落"。每个院落面向城市开放，与城市开放街道空间融合成一体。

利用跨越道路的城市平台，项目将南北两个区融合成一个完整的步行空间，向南延伸，与丹凤公园连接成一体，极大地方便了市民对行政服务中心多个建筑聚落的使用，增强了服务功能之间的互补和互动。

项目经历多年停工后，目前部分建筑投入使用，使用功能已经发生变化，会议中心尚未建设。虽然从完成情况上略有遗憾，但在当时的社会环境下，本项目的设计是刘晓钟工作室对行政服务中心新模式的一次有益探索和实践。

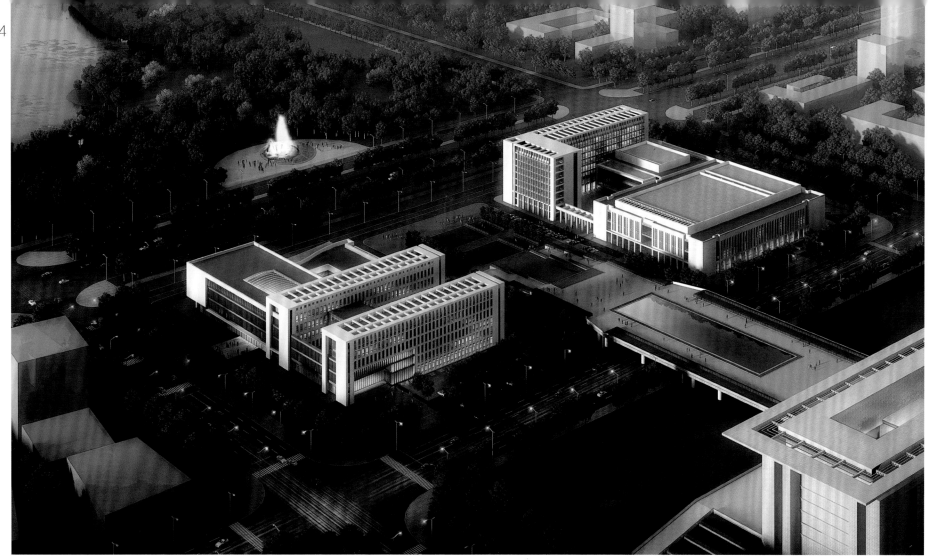

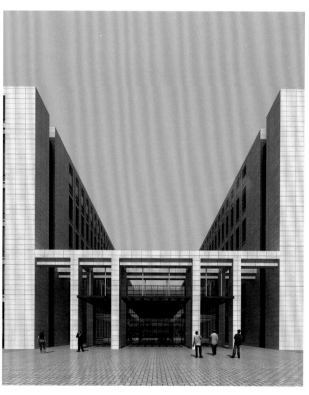

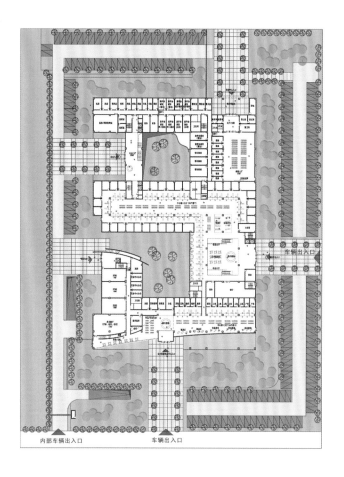

内部车辆出入口　　车辆出入口

内蒙古巨华德临美镇商业项目

项目经理	刘晓钟
项目总负责人	刘晓钟、高羚耀
主要设计人员	高羚耀、亢滨、张立军、张凤、孟欣、庞鲁新、张庆立、李俊志、马楠、赵泽宏、曹鹏、赵蕾、蔡兴玥、曲直
建设地点	内蒙古自治区呼和浩特市赛罕区南二环路南侧
项目类型	城市综合体
总用地面积（㎡）	2.80 万
总建筑面积（㎡）	16.95 万
建筑层数	18 层
建筑总高度（m）	94.15
主要结构形式	框架剪力墙结构
设计及竣工时间	2012 年至今

本项目位于呼和浩特赛罕区南二环南侧，北依大青山，南靠大黑河，是城市扩展的核心地段。"赛罕"在蒙古语中的意思是"美丽富饶"。

该项目为综合楼，地下 3 层，地上 18 层，集中了车库、酒店、办公、超市、商场营业厅、院线、餐饮等多种业态，考虑了不同业态之间的交叉和联系。由于项目紧临城市南二环快速交通环线，加上场地沿街面长，建筑功能多，流线复杂，设计采取分区域水平、垂直流线管理方式，合理地组织了功能流线，系统地解决了功能分区、消防疏散、结构转换、空间连续、多功能复合交叉等流线问题。

立面设计保持了一定的原创性，结合当地的建筑风格，较好地体现了超长商业立面的整体性，在兼顾功能的前提下，彰显出体验式综合商业的性格特征，区分出立面材料变化，并考虑夜景照明，内外院营造不同氛围。在立面交界的处理上选择不同材料，丰富细节变化。

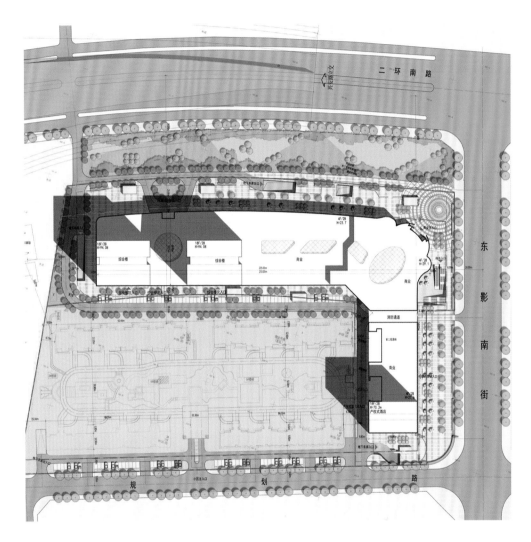

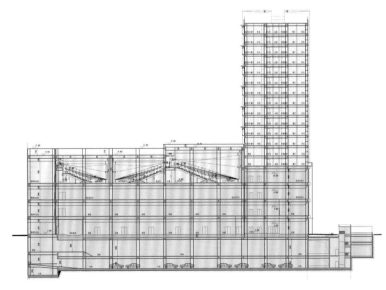

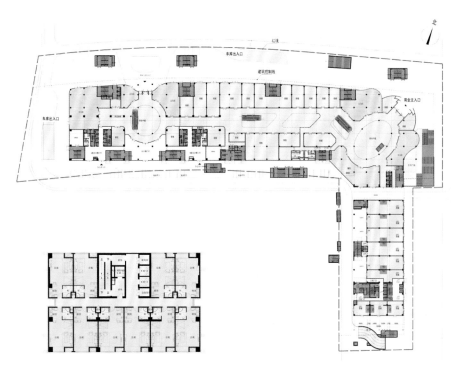

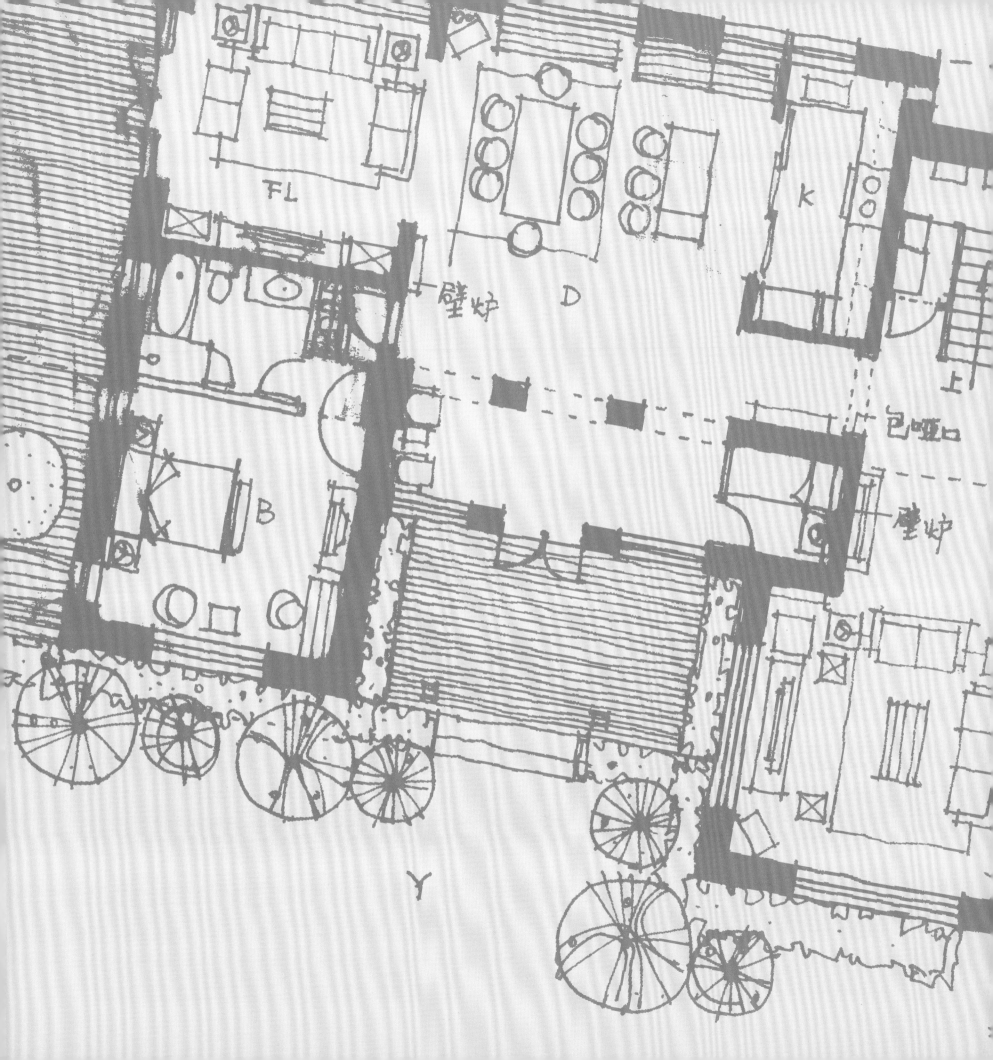

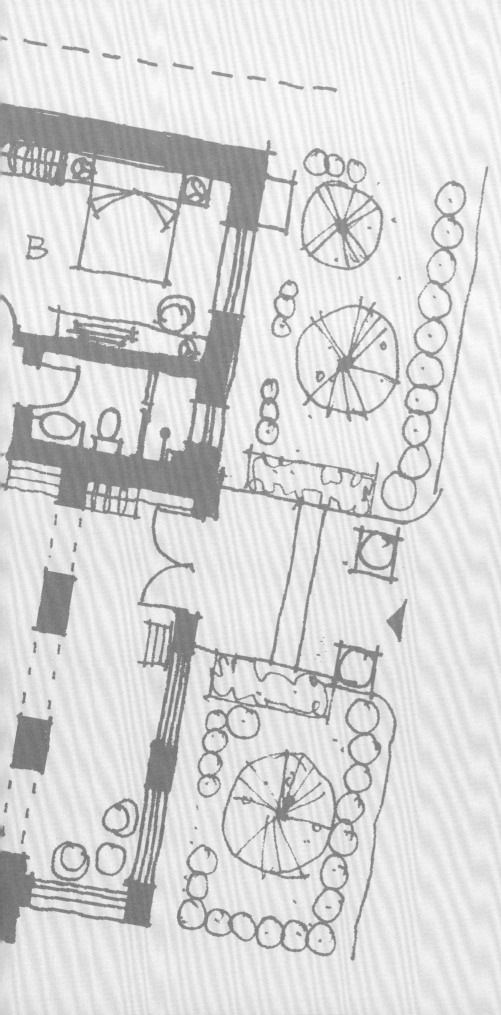

文化教育建筑

人一生中生活在两种建筑空间里

一种是公共建筑空间

一种是住宅的私密空间

这种公与私、大与小的转换

时刻体现在我们的生活中

北京城市副中心职工周转房配套
——北海幼儿园城市副中心二分园

项目经理	尚曦沐
项目总负责人	刘晓钟、胡育梅、张羽
主要设计人员	尚曦沐、张羽、金陵、康逸文、刘芳、左翀
建设地点	北京市通州区潞城
项目类型	教育建筑
总用地面积（㎡）	7 300
总建筑面积（㎡）	1.34 万
建筑层数	地上 3 层，地下 2 层
建筑总高度（m）	14.5
主要结构形式	钢筋混凝土框架剪力墙结构
设计及竣工时间	2018—2020 年

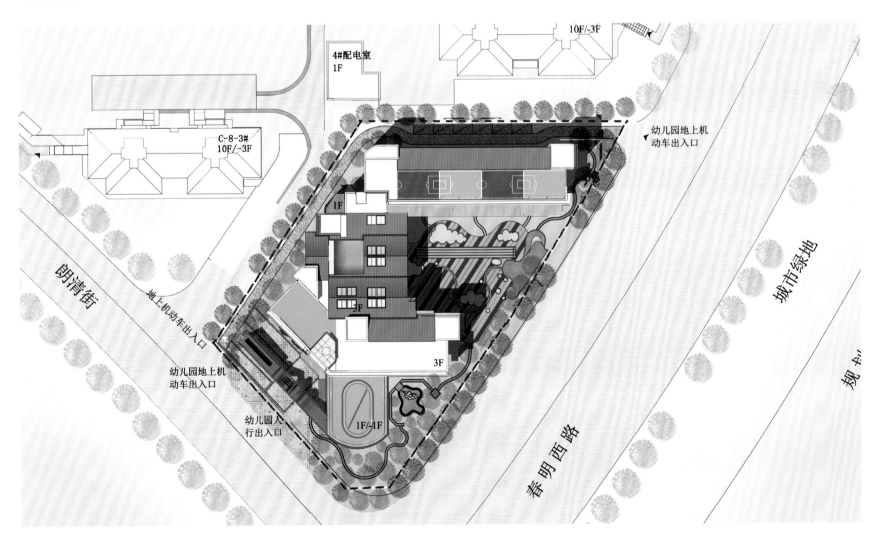

幼儿园设计理念

北海幼儿园城市副中心二分园是一所 12 个班幼儿园。设计充分考虑了儿童的室内外活动和对空间多样性的需求，提出了"云空间"设计理念，将游戏空间交给孩子们自己去发现和设定，在有限场地内，提供了远超常规幼儿园的室内和室外开放活动空间。"云空间"的核心为连通 3 层的室外雨水花园，其有效调节了各层内部空间的微气候，让孩子们在游戏中感受到大自然的变化。

幼儿园内部以"云空间"为核心组织各层主要功能。形体进退变化、底层架空及采光坡屋顶的设计创造了灵活多样、日照充足的多功能活动场所。教室部分采用单元化立面，通过不同组合及色彩变化，体现建筑的性格。

景观设计延续了北海公园的园林景观特色，传承了北海幼儿园本园的特色主题。活动场地以蓝色塑胶场地为"湖景"，结合建筑"飞鸽白塔"意象元素，体现北海记忆。游戏场地提取了通州大运河的文化元素，寓教于乐。种植区以园林为主题，利用造园手法组织种植空间。

使用反馈

幼儿园"云空间"实际利用率高，无论是从光照还是从自然通风等角度都适合儿童使用，孩子可以实现全天候的室内外活动，这为幼儿园教学组织创新提供了条件。

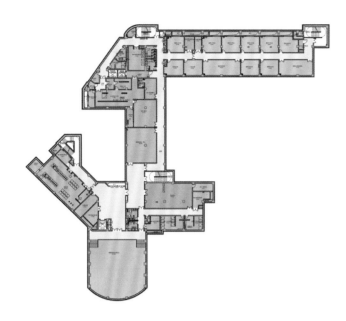

B1 层平面图

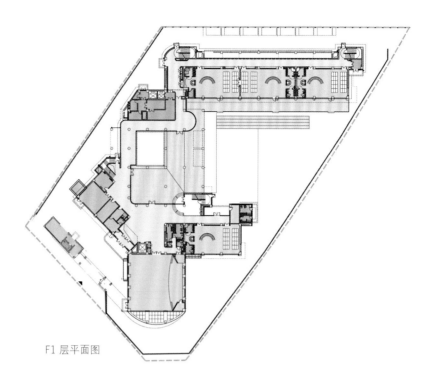

F1 层平面图

F2 层平面图

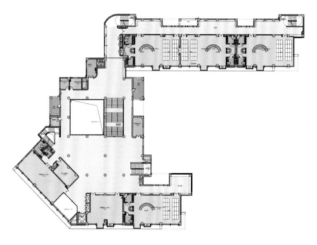

F3 层平面图

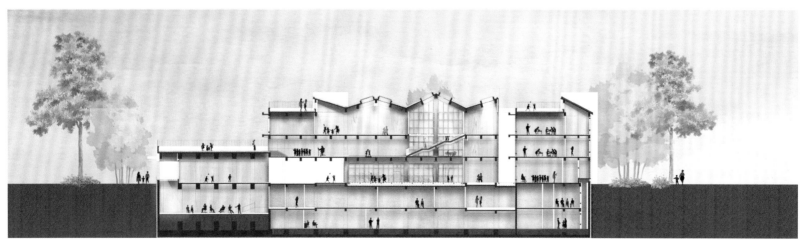

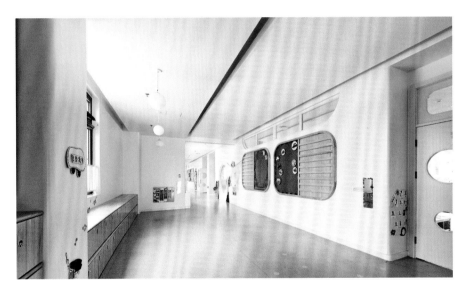

东立面图

北立面图

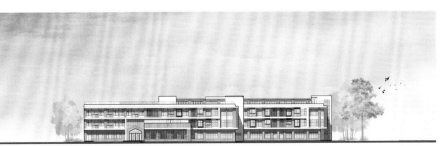
南立面图

西立面图

北京城市副中心职工周转房配套
——黄城根小学通州校区

项目经理	刘晓钟
项目总负责人	刘晓钟
主要设计人员	尚曦沐、王伟、王漪溦、亢滨、高羚耀、 张凤、李兆云、王影、朱芷仪、王广昊
建设地点	北京城市副中心政务办公区东北角
项目类型	教育建筑
总用地面积（m²）	2.10 万
总建筑面积（m²）	3.81 万
建筑层数	地上 5 层、地下 3 层
建筑总高度（m）	22.05
主要结构形式	框架剪力墙结构
设计及竣工时间	2017 年 5 月—2020 年 5 月

　　黄城根小学通州校区位于行政办公区东北角，是解决北京城市副中心"宜业宜居、职住平衡、安居乐业、疏解有效"的重要工程之一。

　　项目为 24 个班完全小学，采用"一心＋二用＋三轴＋四区＋多层"的建筑设计理念，尽可能多地设计丰富、可利用的教学空间。

　　一心：中心活力院落。

　　二用：学校与社区的共建共享。

　　三轴："公共轴"穿插"南北教学轴"。

　　四区：教学区、体育区、公共区、办公区。

　　多层：多功能复合型空间，如空间内的大台阶既可以方便学生读书，也可以举办活动，多个活动室可以根据学校的需求进行转换使用。

　　规划融合了黄城根小学的教育理念、办学特点及当下流行的"走班制"教学的教育优势，结合实际情况，划分出教学用房、资源中心、特色课程用房和社区共享空间的空间架构。由于用地紧张，风雨操场和食堂布置在地下一层，并设置了内部下沉式的彩虹广场，这种意象在文化关联层面上隐喻了学生多彩的学习生活和非"工厂"制式的教育理念。

　　而项目设计更大的意义在于营造阳光、舒适和健康积极的学习生活环境，使得教育建筑在拥有丰富空间的同时，让身处校园内的学生和老师在教学楼内也拥有独特的景观视野。

　　学校建成后，经通燕高速从丁各庄出口进入北京城市副中心政务区，进入视野的第一座建筑就是黄城根小学通州校区。黄城根小学通州校区入口处的形象总能吸引公众的注意力，俨然成了北京城市副中心政务区的地标建筑。

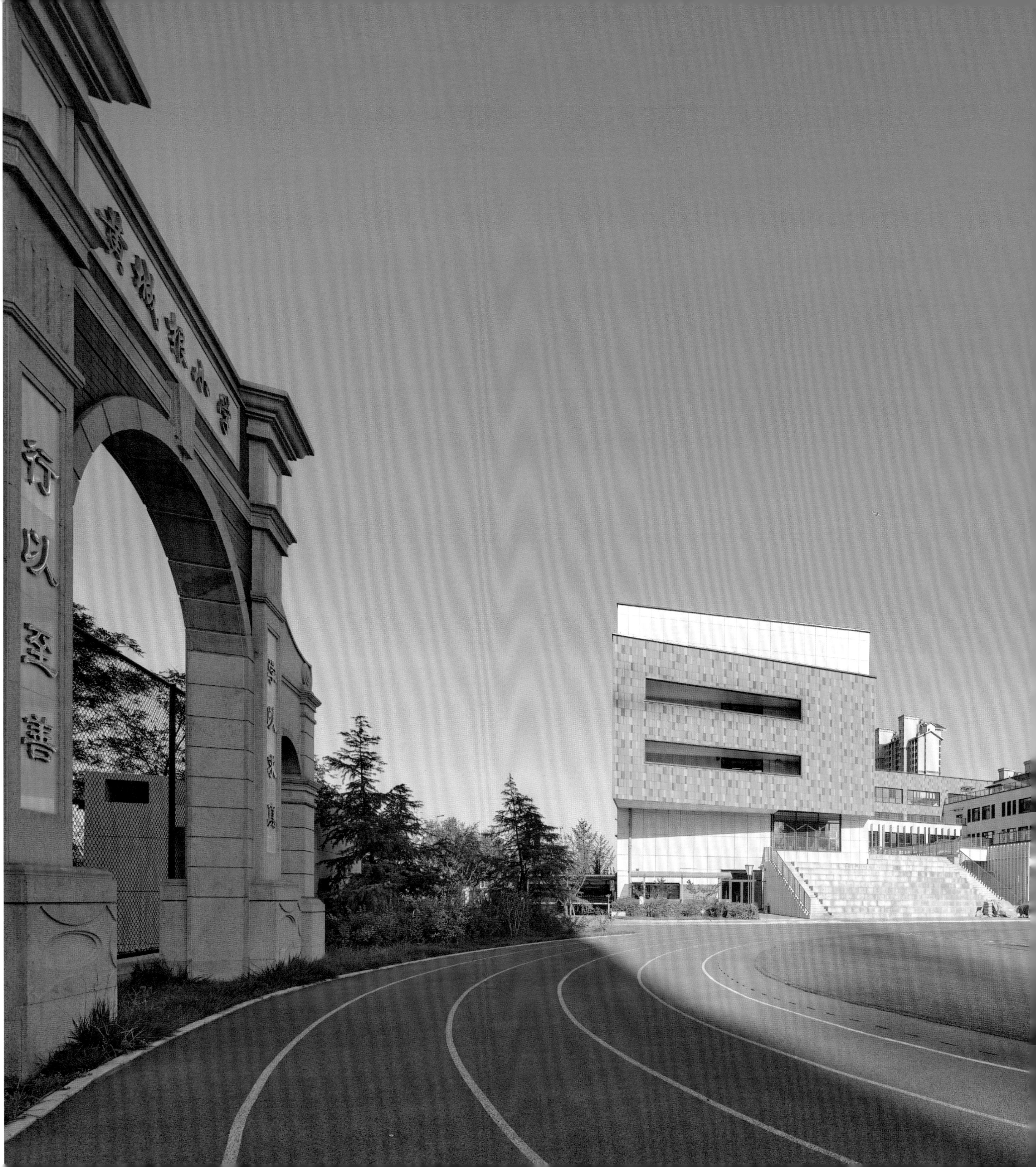
行以至善
学以求真

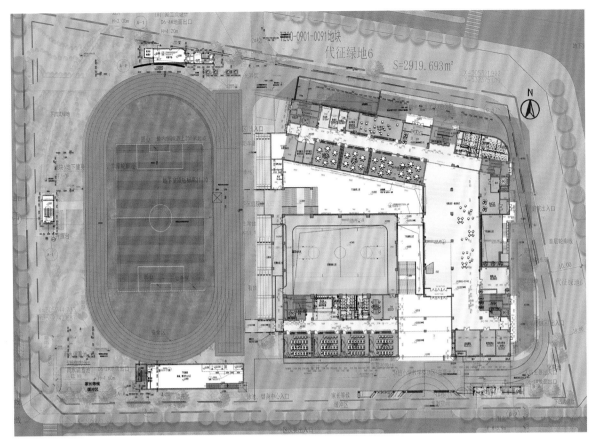

首层平面图

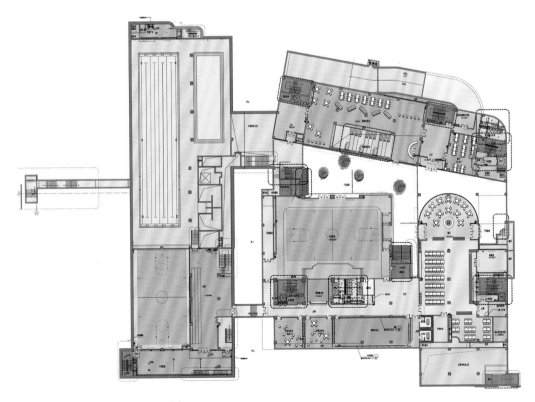

地下一层平面图

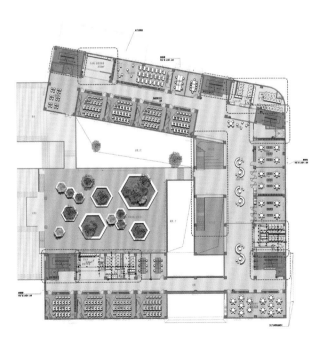

二层平面图

德州市博物馆

项目经理	刘晓钟
项目总负责人	尚曦沐、胡育梅
主要设计人员	尚曦沐、胡育梅、张羽、孙喆、郭辉、 孙翌博、刘欣
建设地点	山东省德州市德城区东方红路
项目类型	博览建筑
合作设计方	德州市建筑规划勘察设计研究院
总用地面积（㎡）	5.67 万
总建筑面积（㎡）	2.05 万
建筑层数	地上 5 层，地下 1 层
建筑总高度（m）	28.9
主要结构形式	钢筋混凝土剪力墙结构
设计及竣工时间	2009—2012 年

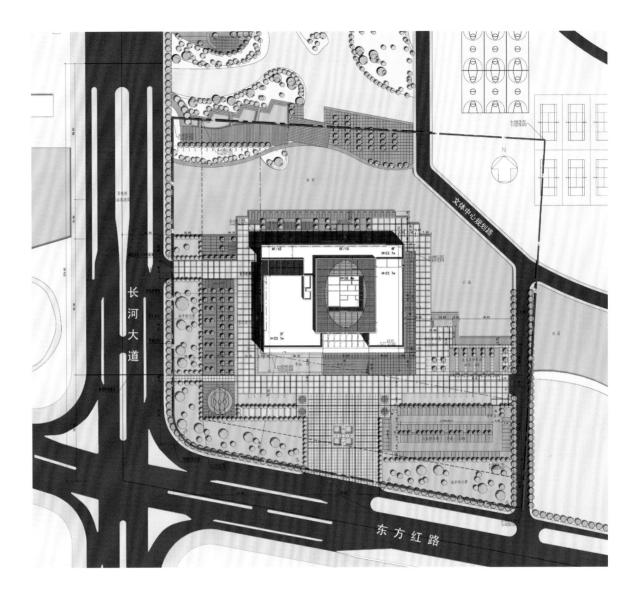

德州市博物馆项目位于风景秀丽的文体中心，北临长河，与东侧的德州大剧院遥相呼应。通过与水系的结合，博物馆成为德州富有活力的文化活动场所。博物馆集收藏展示、文化研究、宣传教育等功能于一体，总建筑面积 2.05 万 ㎡。

建筑设计理念源自德州"因河而兴、因运而仓、因卫而城"的城市起源过程，精心提取了"水""仓""城"作为文化要素。设计以"得水·德城"为立意，通过简洁的体形及洗练的立面处理手法形成一个"整体、庄重、大气"的建筑单体，表达了"朴实智慧、诚信尚德、大德载物、海纳百川"的德州文化品格和德州人民品格。建筑形体强调整体性，很好地回应文体中心的规划要求。德州市博物馆成为德州市重要的现代化地标型建筑。

德州市博物馆体形设计以"印"为题，以"字"为法，采用几何模数化的体形错动，暗喻中国书法的刚劲骨架。整座建筑各部分富于逻辑性地组成一个整体，特别强调形体变化所带来的力量感。外立面细部以写意的"德"字作为标志性处理手法，成为独有的文化标记，体现了城市历史的传承。

内部空间设计重点关注各种功能的合理布局，使其具有一定的调整适应性。通过中心庭院将各个展厅有机联系起来。访客沿着经过组织的参观路径，在历史与现实、文化与艺术、展厅与庭院等不同氛围的空间中游走，得到多样性的体验。

德州市博物馆 2012 年开馆，10 年以来参观人数超过 20 万人次，全面展示了这座城市的发展历史和灿烂文化，成为重要的公共文化服务场所。

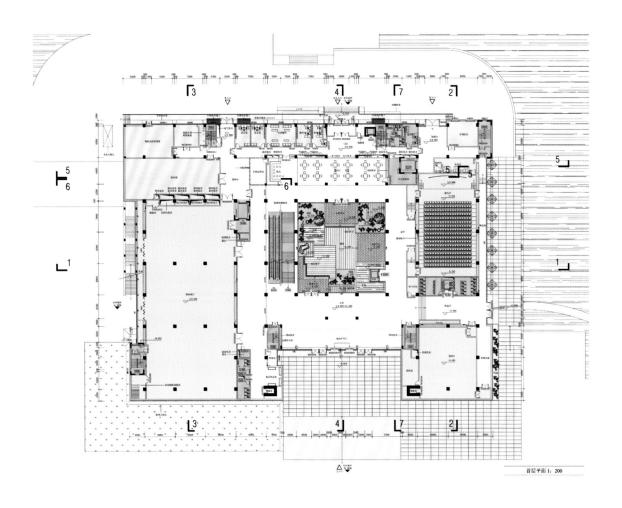

首层平面 1：200

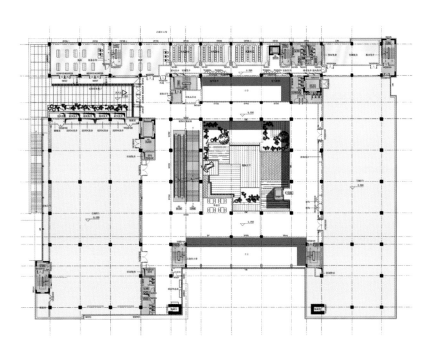

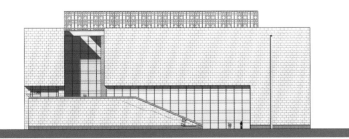

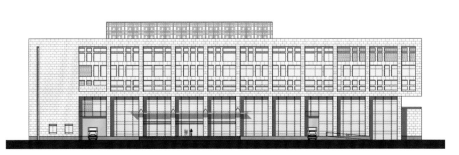

宁夏美术馆

项目经理	刘晓钟
项目总负责人	尚曦沐
主要设计人员	尚曦沐、胡育梅、张羽、刘乐乐、孙喆、刘昀、朱祥、张亚洲、马健强、邵建
建设地点	宁夏回族自治区银川市兴庆区宁安北街
项目类型	文化建筑
总用地面积（㎡）	2.0 万
总建筑面积（㎡）	3.0 万
建筑层数	地上 4 层，地下 1 层
建筑总高度（m）	30
主要结构形式	现浇钢筋混凝土框架剪力墙结构，局部钢结构
设计及竣工时间	2015 年

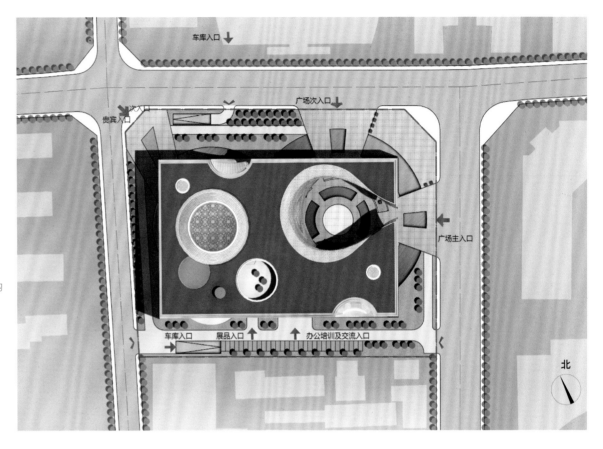

被黄河环抱的鱼米之乡——宁夏——这片沃土历史悠久，是中华民族始祖的主要聚居地和古代东亚农业的主要发祥地之一，具有深厚的文化底蕴。宁夏文化与宁夏艺术博大精深，源远流长。随着"一带一路"倡议的提出，宁夏迎来了发展的好时机。宁夏艺术与宁夏文化将在国内外开始发挥重要的影响和作用。

设计理念——塞上清泉，文明之源，艺术如泉

宁夏美术馆的设计方案力求用复兴历史与创新未来的方法，保护与弘扬宁夏悠久的艺术文化遗产。设计基于宁夏特有地形地貌。宁夏既有大漠戈壁之雄浑，又有江南水乡之秀美，茫茫大漠中的绿洲是宁夏的瑰宝。方案设计结合"湿地文化"的要素，以"塞上清泉"作为设计立意。设计灵感来自宁夏的传统元素，对其进行当代演绎，并展望美好未来。

设计线索——融、容、荣

设计概念通过"融、容、荣"3 条主线依次展开，其中"融"代表着文化之融，其意指西夏文化、中原文化等多种文化艺术的融合；"容"内涵代表文化之器，体现的是有容乃大，宁夏文化艺术包容、博大，而美术馆正是其展示的载体；"荣"意喻着文化之荣，再现宁夏文化艺术昌盛繁荣，实现宁夏艺术发展之梦。建筑设计围绕这 3 条主线展开，设计一座能展现塞上江南艺术文化辉煌的建筑。

方案生成

宁夏美术馆地处银川市中心光明广场西南侧，北侧临宁夏体育馆，面对宁夏人民会堂及国贸中心，地理位置优越，交通便利。通过对城市规划、城市现状的分析，设计团队认为应对城市现状、城市历史给予足够的尊重。美术馆与光明广场周边建筑保持城市空间的完整性，使其融于城市之中，而不是另起"炉灶"。因此，建筑在满足城市规划的基本退线要求后，在街角处设计了相对开放的广场，利用这个空间解决人员集散的问题，同时在保持城市界面完整性的前提下，提供给美术馆一个开放的城市空间。美术馆通过立面不同尺度的开口，与广场相呼应。

在美术馆单体设计中，设计团队希望实现内外空间的互容性，利用空间的拓扑关系，引导参观人流从外部广场进入内部大厅中，所有的展示都围绕着这个中心展开。通过对地方文化艺术的解读，结

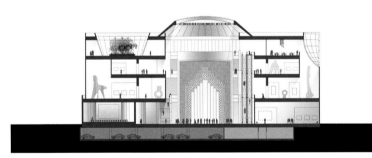

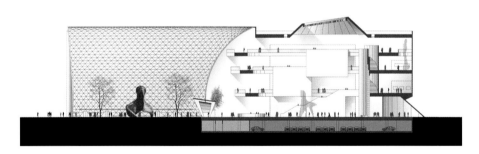

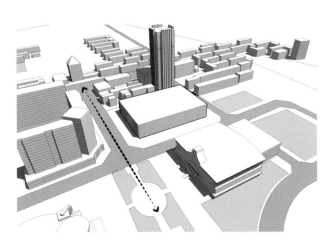

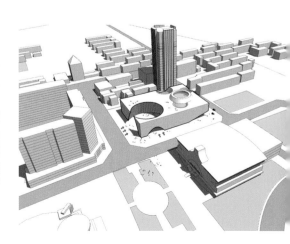

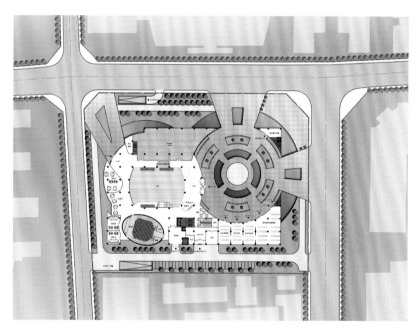

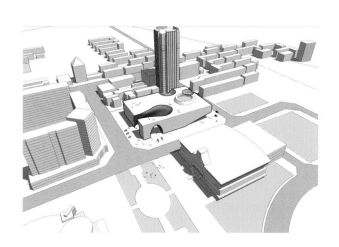

合现代艺术的发展，室内展示空间具有较大的灵活性，不同的空间高度满足多种艺术展览的需求。另一方面，基于美术馆自身的经营需求，设计结合室外广场在首层设计了部分可以进行多种经营的空间，它们既可以作画室，也可以作售卖间使用。内部空间亦有多种使用的可能性，并结合屋面的局部下沉，形成供沙龙、交流的空间。

立面设计没有简单地使用地方符号，而是通过提炼，让人可以产生联想，通过空间表达让人去体会地方特点。建筑体形以简练的设计手法加以处理，形成大气的建筑造型，外装饰采用混凝土装饰材料，既满足建筑自身的文化气质，也能节约造价。

北京元亨利文化艺术中心

项目经理　　　　尚曦沐
项目总负责人　　尚曦沐
主要设计人员　　张持、康逸文、王伟、王漪微、曹鹏、王广昊
建设地点　　　　北京市通州区宋庄镇
项目类型　　　　文化展陈建筑
总用地面积（m²）3 464
总建筑面积（m²）1.45 万
建筑层数　　　　地上 7 层，地下 1 层
建筑总高度（m）36
主要结构形式　　框架结构
设计及竣工时间　2021 年至今

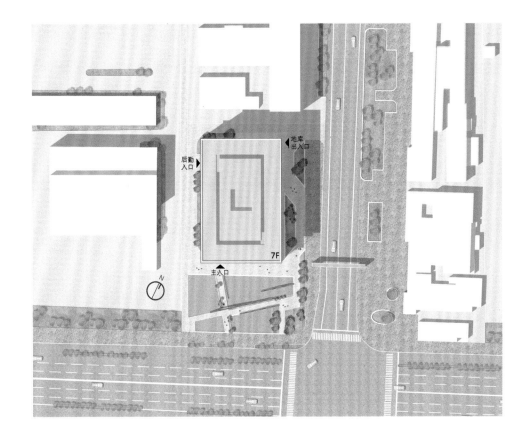

　　本案位于通州区宋庄文化艺术区入口大门处，是艺术区区域入口处的地标性建筑物，其区位决定了建筑形象对于宋庄艺术区的引领性。对于艺术中心的使用方，建筑主要功能是个人收藏品的展示。方案出发点在于统筹考虑使用方对于展览空间最大化的需求及艺术区的整体风貌特色，在区域维度上塑造一个形象引领点。故本案在满足功能需求的同时更多地注重建筑对区域艺术性特征的回应表达，使作品与周围空间达成一种交流氛围。

　　设计师首先分析了艺术区的特征，即具有一定的中国特色，同时又结合了国际化的元素，因而在设计中较为关注建筑材质、色彩对于中国元素的国际化表达，以及展览空间与周边环境空间的关系。

　　项目的特殊性在于在较为紧张的用地条件下需要最大化布置展览空间，因而建筑体量在满足退线要求的基础上最大化利用占地，并将前区城市广场统筹纳入设计，形成前区引导性空间。由于城市界面及紧邻的艺术区大门对建筑立面可视性形成一定的遮挡影响，因此设计师充分考虑了呼应周边环境的视觉关系，使得建筑主体展览空间部分能在城市中较远处形成视觉焦点，同时在近人尺度可吸引参观人员进入。本项目好像掀开帷幕开启一次追寻艺术的旅行，使人们在喧嚣的城市一角收获短暂的静谧。

　　建筑立面的设计采用了透光混凝土、拉毛混凝土等实体感较强的材质与通透的玻璃材质形成大虚大实的对比。展览区域将自然天光引入中庭，形成核心精神性空间，周边展览区域围绕核心区域向天空逐渐打开，而天光则自上而下逐渐散布。整个展览空间在立体维度上实现了内部空间与自然空间的融合。来观展的人们在内部光影空间强烈的对比冲突下充分体会到场所的精神性，激发出对展品的艺术性的独到理解。

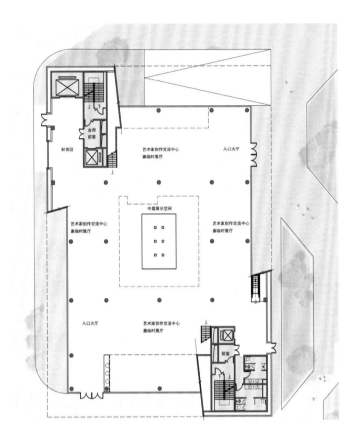

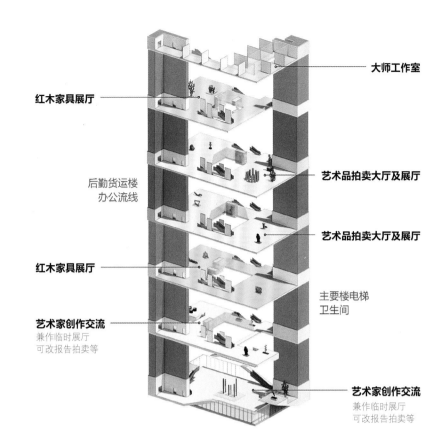

大师工作室

红木家具展厅

艺术品拍卖大厅及展厅

艺术品拍卖大厅及展厅

红木家具展厅

后勤货运楼
办公流线

主要楼电梯
卫生间

艺术家创作交流
兼作临时展厅
可改报告拍卖等

艺术家创作交流
兼作临时展厅
可改报告拍卖等

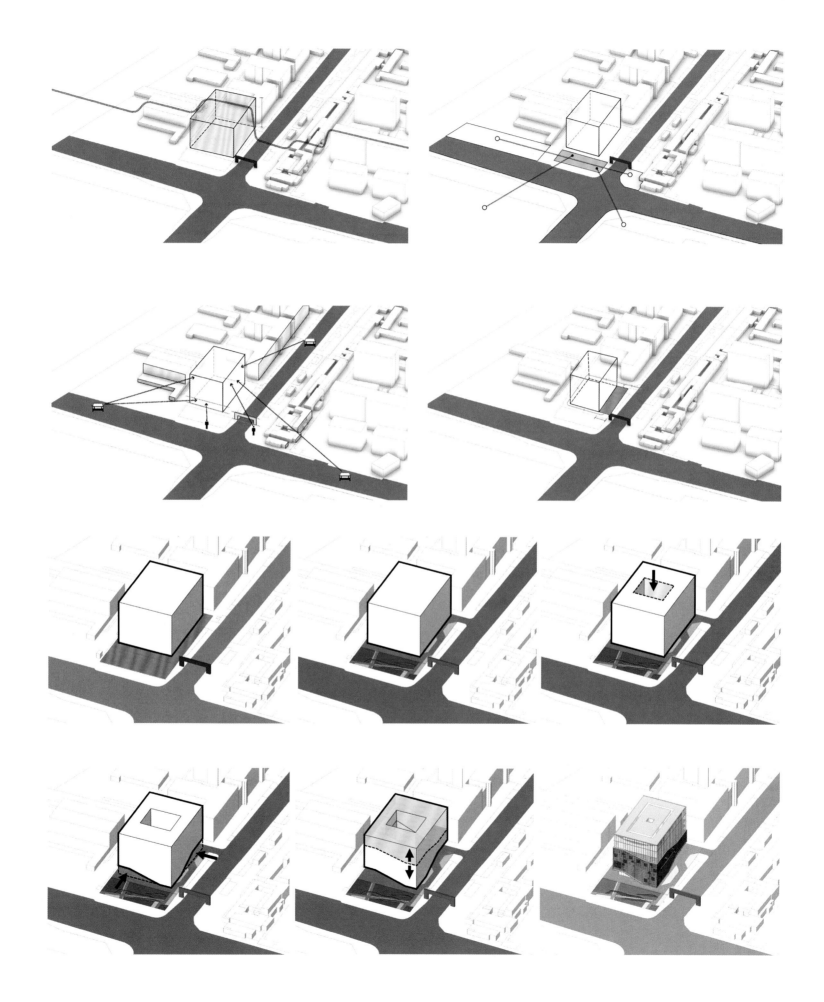

刘晓钟工作室主要获奖作品名录

序号	时间	颁奖单位	奖项	项目名称
1	1994 年	北京市城乡规划委员会 北京市城乡建设委员会	关于在住宅区建设中推广恩济里试点小区 建设经验的决定	—
2	1994 年	北京市城乡规划委员会 北京市城乡建设委员会	关于对恩济里小区创优有功单位及人员进行 表彰和奖励的决定	—
3	1994 年	建设部	建设部城市住宅小区建设试点光荣册	—
4	1994 年	建设部	城市住宅小区建设试点部级奖规划设计一等奖	北京恩济里小区
5	1996 年	中国建筑学会	第二届中国建筑学会"建筑创作奖"	恩济里小区
6	1999 年	北京市建筑设计研究院	第五届"金厦奖"小区规划奖最佳奖	—
7	2000 年	建设部	城市住宅小区建设试点部级奖规划设计金牌奖	大连市锦绣园
8	2005 年	建设部	建设部首届全国绿色建筑创新奖三等奖	宝源商务公寓工程
9	2005 年	中国勘察设计协会	2005 年度建设部部级城乡优秀勘察设计三等奖	颐源居三期住宅
10	2005 年	北京市规划委员会	北京市第十二届优秀工程设计项目二等奖	颐源居三期住宅
11	2005 年	中国土木工程学会	2005 双节双优杯住宅方案竞赛金奖	颐源居三期
12	2005 年	中国土木工程学会	2005 双节双优杯住宅方案竞赛金奖	远洋山水（西区）
13	2005 年	北京市建筑设计研究院	2005 年度院级科学技术二等奖	北京市居住区配套设施典型调查分析研究
14	2006 年	全国节能省地型住宅设计竞赛 组织委员会	全国节能省地型住宅设计竞赛三等奖	—
15	2006 年	中国土木工程学会	2006 双节双优杯住宅方案竞赛金奖	天津市华亭佳园小区
16	2006 年	中国土木工程学会	2006 双节双优杯住宅方案竞赛金奖	湖畔嘉苑
17	2006 年	中国土木工程学会	2006 双节双优杯住宅方案竞赛金奖	山东聊城"水城华府"
18	2006 年	中国房地产及住宅研究会	中国创新`90 中小套型住宅设计竞赛获 "已有项目类三等奖"	—
19	2006 年	北京市规划委员会	第十二届首都城市规划建筑设计方案汇报展住宅 及居住区设计方案优秀奖	北京永丰嘉园居住区规划
20	2006 年	北京市建筑设计研究院	2006 年度院级优秀工程设计（居住区规划及住宅） 一等奖	远洋山水西区一期 1–7 号楼
21	2007 年	建设部科学技术委员会	第十六届中国城市住宅研讨会优秀论文奖	《新政策下北京中小套型住宅 建筑标准研究》
22	2007 年	北京市规划委员会	北京市 90 ㎡中小套型方案竞赛实际工程组三等奖	林达嘉园
23	2007 年	北京市规划委员会	北京市第十三届优秀工程设计二等奖	远洋山水西区一期 1–7 号楼

北京市城乡规划委员会
北京市城乡建设委员会

关于在住宅建设中推广恩济里
试点小区建设经验的决定

(94) 首规会秋字第189号

签发人 赵知敬

各设计单位、各开发公司，各区县建委、规划局：

北京恩济里小区是全国第二批城市住宅建设试点小区，在建设部城市住宅小区建设试点办公室组织的验收评比中，专家们高度评价了小区建设的整体水平，荣获建设部颁发的城市住宅小区建设试点综合金牌奖，同时还获得规划设计、建筑设计、科技进步、施工质量四个单项一等奖，以及优秀管理奖、优秀领导奖。

恩济里小区的建设成绩，是在建设部和北京市政府的

—1—

建设部城市住宅小区建设试点

光荣册

一九九四年七月

一九九四年七月
建设部城市住宅小区建设试点授奖名单

经建设部城市住宅小区建设试点评议委员会评比、验收和部试点领导小组审定，现将已全面竣工的15个试点小区的授奖名单公布如下：

一、授予十五个城市住宅小区建设试点综合奖
（按城市名笔划排序）

1. 金牌奖
   - 上 海 市　康乐小区
   - 北 京 市　恩济里小区
   - 合 肥 市　琥珀山庄南村
   - 青 岛 市　四方小区
   - 成 都 市　棕北小区
   - 常 州 市　红梅西村
   - 济 南 市　佛山苑小区
   - 石家庄市　联盟小区
2. 银牌奖
   - 苏 州 市　三元四村
   - 唐 山 市　新区 11#小区
   - 洛 阳 市　华侨新村
   - 无 锡 市　芦庄小区
   - 湖 州 市　凤凰新村
   - 株 洲 市　滨江一村
3. 铜牌奖
   - 无 锡 市　锡惠里小区

—3—

迈向二十一世纪的中国住宅
"九五"住宅设计方案竞赛获奖作品

证 书

北京市建筑设计研究院：

经建设部组织的专家委员会评审，你单位创作的 ND155 住宅设计方案，荣获 表扬 奖。

主创人员：

证书编号：156

获奖证书

刘晓钟：

你参加设计的 银亿·上上城（宁波）

在二〇一三年度全国优秀工程勘察设计行业奖评选中获 住宅与住宅小区 一等奖

特发此证，以资鼓励。

主要设计人：

1.刘晓钟 2.吴静 3.高羚囊 4.程浩 5.丁倩
6.钟顺彤 7.赵楠 8.张国庆 9.张倩 10.毛伟中
11.田新朝 12.于瑶 13.李建元 14.刘高志 15.许立

中国勘察设计协会
2013年11月

获奖证书

刘晓钟：

你参加设计的 青岛国际贸易中心 在二〇一五年全国优秀工程勘察设计行业奖评选中获建筑工程一等奖。

特发此证，以资鼓励。

主要设计人：

1.刘晓钟 2.夏惠群 3.胡育梅 4.尚曦沐 5.郝彤
6.王琦 7.吴静 8.何鑫 9.胡强 10.黄涛
11.李庶元 12.王亚峰 13.张羽 14.孙喆 15.毛伟中

中国勘察设计协会
2015年11月

获奖证书

吴 静：

你参加设计的 青岛国际贸易中心 在二〇一五年全国优秀工程勘察设计行业奖评选中获建筑工程一等奖。

特发此证，以资鼓励。

主要设计人：

1.刘晓钟 2.夏惠群 3.胡育梅 4.尚曦沐 5.郝彤
6.王琦 7.吴静 8.何鑫 9.胡强 10.黄涛
11.李庶元 12.王亚峰 13.张羽 14.孙喆 15.毛伟中

中国勘察设计协会
2015年11月

获奖证书

刘晓钟：

你参加设计的 远洋山水西区一期1～7号楼

在二〇〇八年度全国优秀工程勘察设计行业奖评选中获 住宅与住宅小区 二等奖。

特发此证，以资鼓励。

主要设计人：

1.刘晓钟 2.吴静 3.张倩 4.曾志华 5.李庶元
6.张凤庆 7.王辉 8.姚溪 9.韩起勋 10.袁煜
11.郑楼磊 12.叶在群 13.张宇 14.黄静 15.吴丽红

中国勘察设计协会
2009年3月

获奖证书

刘晓钟：

你参加设计的 望京新城A1区A、B组团

在二〇〇九年度全国优秀工程勘察设计行业奖评选中获 住宅与住宅小区 三等奖。

特发此证，以资鼓励。

主要设计人：

1.刘晓钟 2.林爱华 3.张凤 4.张宇 5.韩起勋
6.郝素梅 7.张倩 8.王辉 9.李建 10.袁华平
11.王朔 12.王彩 13.吴志红 14.叶在群 15.周英聚

中国勘察设计协会
2010年3月

获奖证书

刘晓钟：

你参加设计的 朝阳区东坝乡单店住宅小区二期

在二〇一三年度全国优秀工程勘察设计行业奖评选中获 住宅与住宅小区 三等奖

特发此证，以资鼓励。

主要设计人：

1.刘晓钟 2.吴静 3.王琦 4.周楠 5.金陵
6.张凤庆 7.王辉 8.何鑫 9.吴宇红 10.金陵
11.袁煜 12.颂沁涛 13.孙江虹 14.王晖 15.向怡

中国勘察设计协会
2013年11月

获奖证书

刘晓钟：

你参加设计的 银川华雁 香溪美地居住区规划

在二〇一三年度全国优秀工程勘察设计行业奖评选中获 住宅与住宅小区 三等奖

特发此证，以资鼓励。

主要设计人：

1.刘晓钟 2.吴静 3.程浩 4.张建荣 5.王晨
6.钟顺彤 7.郝彤 8.姚溪 9.王辉 10.王晖
11.郝起勋 12.叶在群 13.吴宇红 14.梁江 15.王晖

中国勘察设计协会
2013年11月

获奖证书

刘晓钟：

你参加设计的 银丰花园（济南）

在二〇一三年度全国优秀工程勘察设计行业奖评选中获 住宅与住宅小区 三等奖

特发此证，以资鼓励。

主要设计人：

1.刘晓钟 2.吴静 3.王鹏 4.冯冰冰 5.尚曦沐
6.郝彤 7.张国庆 8.张倩 9.顾沁涛 10.王晖
11.张力 12.姚琳 13.王晨 14.郭璋 15.战国邵

中国勘察设计协会
2013年11月

获奖证书

刘晓钟：

你参加设计的 远洋新悦住宅 在二〇一五年全国优秀工程勘察设计行业奖评选中获住宅与住宅小区三等奖。

特发此证，以资鼓励。

主要设计人：

1.刘晓钟 2.高羚囊 3.程浩 4.孟欣 5.张建荣
6.王晨 7.毛伟中 8.李吴 9.李阳 10.黄涛
11.曾丽娜 12.宋平 13.向怡 14.侯涛 15.陈娜

中国勘察设计协会
2015年11月

序号	时间	颁奖单位	奖项	项目名称
24	2007 年	北京市规划委员会	北京市 90 ㎡中小套型方案竞赛实际工程组三等奖	房山区华亭国际住宅小区
25	2007 年	北京市规划委员会	北京市 90 ㎡中小套型方案竞赛实际工程组二等奖	昌平区佳宏花园居住小区
26	2007 年	北京市建筑设计研究院	2007 年度院级科学技术一等奖	《住宅中小户型研究：从节地性与舒适性方面对节能省地型住宅的研究》
27	2007 年	建设部科学技术委员会	科学技术委员会第六届中国城市住宅研讨会优秀论文奖	《新政策下北京中小套型住宅建设标准研究》
28	2008 年	北京市建筑设计研究院	2008 年度"BIAD 设计"杯优秀工程设计（居住建筑）二等奖	银川湖畔家园住宅一期
29	2008 年	北京市建筑设计研究院	2008 年度"BIAD 设计"杯科学技术二等奖	《关于北京市〈商品住宅使用说明书〉编制的研究》
30	2008 年	北京市建筑设计研究院	2008 年度"BIAD 设计"杯优秀工程设计（居住建筑）二等奖	远洋山水小区三期 23-25 号楼
31	2008 年	北京市建筑设计研究院	2008 年度"BIAD 设计"杯优秀工程设计（居住建筑）三等奖	天津华亭国际住宅区一期
32	2009 年	中国勘察设计协会	二〇〇八年度全国优秀工程勘察设计行业奖住宅与住宅小区二等奖	远洋山水西区一期 1~7 号楼
33	2009 年	中国房地产研究会 中国民族建筑研究会	中国人居典范评审中获规划金奖	华雁·香溪美地
34	2009 年	中国房地产研究会 中国民族建筑研究会	中国人居典范评审中获规划金奖	山东省龙口市龙泽华府小区
35	2009 年	中国房地产研究会 中国民族建筑研究会	中国人居典范评审中获综合金奖	华雁·香溪美地
36	2009 年	中国房地产研究会 中国民族建筑研究会	中国人居典范评审中获环境金奖	华雁·香溪美地
37	2009 年	北京市规划委员会	北京市第十四届优秀工程设计一等奖	国风北京—望京新城 A1 区 A、B 组团
38	2009 年	北京市规划委员会	北京市第十四届优秀工程设计三等奖	银川区直单位经济适用房"湖畔嘉苑"规划及一期单体
39	2009 年	北京市规划委员会	北京市第十四届优秀工程设计三等奖	远洋山水（西区）三期 23-25 号楼
40	2009 年	北京市建筑设计研究院	2009 年度"BIAD 设计"杯优秀工程设计（居住建筑）一等奖	远洋公馆（林达嘉园 1 号住宅楼）
41	2009 年	北京市建筑设计研究院	2009 年度"BIAD 设计"杯科学技术三等奖	《北京市新城规划控制指标体系要就——建设宜居新城，促进土地集约利用》
42	2010 年	中国勘察设计协会	二〇〇九年度全国优秀工程勘察设计行业住宅与住宅小区三等奖	望京新城 A1 区 A、B 组团
43	2010 年	中华全国工商业联合会房地产商会	中国地产十佳建筑设计机构	
44	2011 年	北京市规划委员会	2011 年北京市第十五届优秀工程设计一等奖（优秀建筑设计奖）	林达嘉园住宅楼（远洋公馆）

荣誉证书

2011·中国首届保障性住房设计竞赛

北京市建筑设计研究院、
北京房地集团有限公司

贵单位报送的"依山佳园---北方某高教园区公共租赁住房小区"项目，在由住房和城乡建设部住房保障司和工程质量安全监管司支持、都住宅产业化促进中心和中国建设报社主办的"2011·中国首届保障性住房设计竞赛"中，荣获"三等奖"。

特发此证，以资鼓励。

参赛人员：吴静、王鹏、程涛、陈晓优、丁增、石景瑶、塔千卉、王宙、孙耀

住房和城乡建设部住宅产业化促进中心　中国建设报社

二〇一一年九月二十八日

获奖证书

刘晓钟：

你参加设计的 花溪渡住宅 在二〇一七年度全国优秀工程勘察设计行业奖评选中获优秀住宅与住宅小区三等奖。

特发此证，以资鼓励。

主要设计人员：
1. 刘晓钟　2. 吴静　3. 徐浩　4. 钟晓彤　5. 王晨
6. 褚爽然　7. 毛伟中　8. 李昊　9. 张冉　10. 孙江红
11. 战国嘉　12. 王远方　13. 蔡兴珂　14. 孙宗齐　15. 汪海泓

中国勘察设计协会
2017年11月

获奖证书

北京市建筑设计研究院有限公司：

你单位 青岛国际贸易中心 被评为二〇一五年全国优秀工程勘察设计奖建筑工程一等奖。

特发此证，以资鼓励。

中国勘察设计协会
2015年11月

获奖证书

编号：2021C0055

刘晓钟：

你参加设计的 首开中国风尚懋 在二〇二一年度行业优秀勘察设计奖评选中获 住宅与住宅小区设计 三等奖。

特发此证，以资鼓励。

主要设计人：
1. 刘晓钟　2. 吴静　3. 姜琳　4. 曹鹊　5. 于猛　6. 孙江红　7. 肖晓旗　8. 张凤　9. 孙博远　10. 战国嘉
11. 赵泽宏　12. 杨秀锋　13. 王超　14. 毛伟中　15. 邵腾　16. 高羚耀　17. 王伟　18. 张立军　19. 谭天博　20. 侯涛

2023年03月

获奖证书

2017-2018 建筑设计奖

住宅建筑专项·三等奖

项目名称

望京金茂府住宅

获奖人员：

刘晓钟、吴静、张宇、赵蕾、张凤、毛伟中、吴宇红、肖腾国、朱蓉、赵楠

完成单位：

北京市建筑设计研究院有限公司

中国建筑学会
2018年11月

精瑞科学技术奖

（2013年第十届）

绿色人居

优秀奖

获奖者姓名：刘晓钟

获奖项目名称：兴龙香榖海

证书编号：JR2013-01-011-03

精瑞科学技术·科奖奖励委员会
（北京精瑞住宅科技基金会代章）

二〇一三年十二月

荣誉证书

北京市科学技术奖

为表彰在推动科学技术进步、对首都经济建设和社会发展作出贡献的集体和个人，特颁此证，以资鼓励。

获奖项目：北京市保障性住房规划建筑设计导则和指导性图集

获奖等级：叁等奖

获奖单位：北京市建筑设计研究院有限公司、清华大学

NO. 2012 城-3-005

二〇一二年十二月

北京市科学技术奖

为表彰在推动科学技术进步、对首都经济建设和社会发展作出贡献者，特颁此证，以资鼓励。

获奖项目：北京市保障性住房规划建筑设计导则和指导性图集

获奖者：刘晓钟

获奖等级：叁等奖

№ 2012 城-3-005-01

二〇一二年十二月

北京市科学技术奖

为表彰在推动科学技术进步、对首都经济建设和社会发展作出贡献者，特颁此证，以资鼓励。

获奖项目：北京市保障性住房规划建筑设计导则和指导性图集

获奖者：吴静

获奖等级：叁等奖

№ 2012 城-3-005-04

二〇一二年十二月

林达嘉园住宅楼（远洋公馆）人防工程

荣获人民防空工程优秀设计三等奖

国家人民防空办公室

二零一四年四月

依山佳园--北方某高教园区公共租赁住房小区

2011·中国首届保障性住房设计竞赛

三等奖

报送单位：北京市建筑设计研究院
北京房地集团有限公司

住房和城乡建设部住宅产业化促进中心　中国建设报社

二〇一一年九月二十八日

2013·中国房地产创新典范品牌推介活动
2013·China Real Estate Innovation Model of Brand Promotion Activities

北京市建筑设计研究院有限公司

中国房地产创新力设计机构

China Real Estate Innovative Design Organization

联合发榜：国际房地产促进会　中国房地产业协会

住房和城乡建设部科学技术委员会办公室　中国建设报·中国住房

2013年8月18日 北京·京西宾馆

序号	时间	颁奖单位	奖项	项目名称
45	2011 年	北京市规划委员会	首都第十八届城市规划建筑设计方案汇报展优秀方案	房山高教园区公租房
46	2011 年	北京市建筑设计研究院	2011 年度"BIAD 设计"杯优秀方案设计三等奖	北京未来科技城南区定向安置房
47	2012 年	北京市规划委员会	2012 年北京市第十六届优秀工程设计一等奖	银亿·上上城（宁波）
48	2012 年	北京市规划委员会	2012 年北京市第十六届优秀工程设计一等奖	远洋万和城（北四环东路项目）
49	2012 年	北京市规划委员会	2012 年北京市第十六届优秀工程设计二等奖	沈阳深航翡翠城
50	2012 年	北京市规划委员会	2012 年北京市第十六届优秀工程设计二等奖	南北大街 1 号（天津湾）B3 地块
51	2012 年	北京市规划委员会	2012 年北京市第十六届优秀工程设计二等奖	银丰花园（济南）
52	2012 年	中国建筑学会	2012 年全国人居经典建筑规划设计方案规划、建筑双金奖	中海·九号公馆
53	2012 年	中国土木工程学会住宅工程指导工作委员会	2012 中国土木工程詹天佑奖优秀住宅小区金奖	中海·九号公馆
54	2012 年	北京市建筑设计研究院有限公司	2012 年度"BIAD 设计"杯优秀工程设计公共建筑类二等奖	德州市博物馆（合作）
55	2012 年	北京市人民政府	北京市科学技术奖三等奖	《北京市保障性住房规划建筑设计导则和指导性图集》
56	2013 年	中国房地产研究会	第六届理事单位	—
57	2013 年	中华全国工商业联合会房地产商会	中国地产十佳建筑设计机构	—
58	2013 年	《中国建设报·中国住房》	中国绿色生态建设创新典范	北京·望京·金茂府
59	2013 年	《中国建设报·中国住房》	中国房地产创新力设计机构	—
60	2013 年	北京市规划委员会	首都第十九届城市规划建筑设计方案汇报展优秀方案奖	昌平区未来科技城南区（鲁瞳村、北七家庄村、岭上村）定向安置房项目
61	2013 年	北京市建筑设计研究院有限公司	2013 年度 BIAD 优秀工程公共建筑类三等奖	远洋未来广场
62	2013 年	北京市建筑设计研究院有限公司	2013 年度 BIAD 优秀工程居住区规划及居住建筑一等奖	远洋波旁宫住宅
63	2013 年	北京市建筑设计研究院有限公司	2013 年度 BIAD 优秀工程居住区规划及居住建筑二等奖	河北三河新天地二期住宅
64	2013 年	北京市建筑设计研究院有限公司	2013 年度 BIAD 优秀方案设计三等奖	马鞍山市雨山湖·现代产业服务总部
65	2013 年	中国勘察设计协会	全国优秀工程勘察设计行业奖　住宅与住宅小区一等奖	银亿·上上城（宁波）
66	2013 年	中国勘察设计协会	全国优秀工程勘察设计行业奖　住宅与住宅小区三等奖	银川华雁 香溪美地居住区规划
67	2013 年	中国勘察设计协会	全国优秀工程勘察设计行业奖　住宅与住宅小区三等奖	朝阳区东坝乡单店住宅小区二期
68	2013 年	中国勘察设计协会	全国优秀工程勘察设计行业奖　住宅与住宅小区三等奖	银丰花园（济南）
69	2013 年	北京市规划委员会	2012 年北京市第十七届优秀工程设计一等奖	朝阳区东坝乡单店住宅小区二期（首开常青藤）
70	2013 年	北京市规划委员会	2012 年北京市第十七届优秀工程设计二等奖	银川华雁 香溪美地居住区规划
71	2013 年	北京精瑞住宅科技基金会	2013 年第十届精瑞科学技术奖绿色人居优秀奖	兴龙香玺海

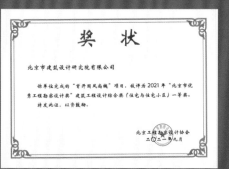

序号	时间	颁奖单位	奖项	项目名称
72	2013 年	时代楼盘	"时代楼盘第八届金盘奖"北京赛区·年度楼盘综合大奖	北京中海·九号公馆
73	2014 年	中华全国工商业联合会房地产商会	中国地产十佳建筑设计机构	
74	2014 年	北京市建筑设计研究院有限公司	2014 年度 BIAD 优秀方案设计二等奖	百万庄子区至未区危旧房改造
75	2014 年	北京市建筑设计研究院有限公司	2014 年度 BIAD 优秀方案设计二等奖	东城区永外望坛棚户区改造
76	2014 年	北京市建筑设计研究院有限公司	2014 年度 BIAD 优秀方案设计二等奖	丰台日本料理店建筑改造及室内设计
77	2014 年	北京市建筑设计研究院有限公司	2014 年度 BIAD 优秀方案设计二等奖	哈尔滨松北区世茂大道住宅景观设计
78	2014 年	北京市建筑设计研究院有限公司	2014 年度 BIAD 优秀方案设计二等奖	中关村东部南区改造
79	2014 年	北京市建筑设计研究院有限公司	2014 年度 BIAD 优秀方案设计三等奖	山西晋中山水湾矿泉水厂区景观设计
80	2014 年	北京市建筑设计研究院有限公司	2014 年度 BIAD 优秀方案设计三等奖	未来科技城南区定向安置房景观设计
81	2014 年	北京市建筑设计研究院有限公司	2014 年度 BIAD 优秀工程设计（公共建筑）一等奖	青岛国际贸易中心 A、B 栋（合作）
82	2014 年	北京市建筑设计研究院有限公司	2014 年度 BIAD 优秀工程设计（居住区规划及居住建筑）一等奖	中海·九号公馆（B、D 地块联排住宅）
83	2014 年	北京市建筑设计研究院有限公司	2014 年度 BIAD 优秀工程设计（居住区规划及居住建筑）二等奖	远洋新锐住宅
84	2015 年	北京市建筑设计研究院有限公司	优秀方案设计二等奖	三亚伟奇温泉度假公寓
85	2015 年	北京市建筑设计研究院有限公司	优秀方案设计三等奖	京汉君庭花园景观专项
86	2015 年	北京市建筑设计研究院有限公司	优秀方案设计三等奖	平乐园公共租赁住房
87	2015 年	北京市建筑设计研究院有限公司	优秀方案设计三等奖	霄云国际中心
88	2015 年	北京市建筑设计研究院有限公司	科学技术一等奖	北京市地方标准《社区养老服务设施设计标准》编制及相关研究
89	2015 年	北京市建筑设计研究院有限公司	优秀工程设计（居住区规划及居住建筑）二等奖	哈尔滨永泰城住宅
90	2015 年	北京市建筑设计研究院有限公司	优秀工程设计（居住区规划及居住建筑）二等奖	花溪渡住宅（合作）
91	2015 年	北京市建筑设计研究院有限公司	优秀工程设计（居住区规划及居住建筑）一等奖	亚奥金茂悦住宅
92	2015 年	北京工程勘察设计行业协会	北京市第十八届优秀工程设计奖二等奖	朝阳区东坝乡单店住宅小区二期（首开常青藤）人防工程
93	2015 年	北京工程勘察设计行业协会	北京市第十八届优秀工程设计奖二等奖	青岛国际贸易中心
94	2015 年	北京工程勘察设计行业协会	北京市第十八届优秀工程设计奖二等奖	远洋波庞宫住宅
95	2015 年	北京工程勘察设计行业协会	北京市第十八届优秀工程设计奖二等奖	远洋新悦住宅
96	2015 年	北京工程勘察设计行业协会	北京市第十八届优秀工程设计奖三等奖	德州市博物馆
97	2015 年	北京工程勘察设计行业协会	北京市第十八届优秀工程设计奖三等奖	河北三河新天地二期住宅
98	2015 年	北京工程勘察设计行业协会	北京市第十八届优秀工程设计公共建筑二等奖	青岛国际贸易中心
99	2015 年	中国勘察设计协会	全国优秀工程勘察设计行业奖建筑工程一等奖	青岛国际贸易中心

序号	时间	颁奖单位	奖项	项目名称
100	2015 年	中国勘察设计协会	全国优秀工程勘察设计行业奖住宅与住宅小区三等奖	远洋新悦住宅
101	2015 年	中华全国工商业联合会房地产商会	中国地产最具竞争力建筑设计机构	—
102	2016 年	北京市建筑设计研究院有限公司	优秀方案设计一等奖	宁夏美术馆
103	2016 年	北京市建筑设计研究院有限公司	优秀方案设计一等奖	中化方兴丰台石榴庄
104	2016 年	北京市建筑设计研究院有限公司	优秀工程设计（居住区规划及居住建筑）一等奖	望京金茂府住宅
105	2016 年	北京市建筑设计研究院有限公司	优秀工程设计绿色专项奖	望京金茂府住宅绿色建筑
106	2016 年	北京市建筑设计研究院有限公司	优秀工程设计人防专项奖	望京金茂府住宅人防设计
107	2016 年	北京市保障性住房建设投资中心	保障房工程建设工作贡献奖	房山高教园公租房项目
108	2016 年	北京市保障性住房建设投资中心	保障房工程建设工作贡献奖	平乐园公租房项目
109	2017 年	北京市建筑设计研究院有限公司	优秀方案设计一等奖	廊坊新世界家园三区
110	2017 年	北京工程勘察设计行业协会	北京市优秀工程勘察设计奖·综合奖（居住建筑）一等奖	哈尔滨永泰城住宅
111	2017 年	北京工程勘察设计行业协会	2017 年北京市优秀工程勘察设计奖·综合奖（居住建筑）一等奖	花溪渡住宅
112	2017 年	北京工程勘察设计行业协会	2017 年北京市优秀工程勘察设计奖·综合奖（居住建筑）一等奖	望京金茂府住宅
113	2017 年	北京工程勘察设计行业协会	2017 年北京市优秀工程勘察设计奖·专项奖（人防工程）二等奖	望京金茂府住宅
114	2017 年	北京工程勘察设计行业协会	2017 年北京市优秀工程勘察设计奖·综合奖（居住建筑）一等奖	亚奥金茂悦住宅
115	2017 年	中国勘察设计协会	2017 年全国优秀工程勘察设计行业奖优秀住宅与住宅小区三等奖	花溪渡住宅
116	2018 年	北京市建筑设计研究院有限公司	优秀方案设计一等奖	北京城市副中心职工周转房
117	2018 年	北京市建筑设计研究院有限公司	优秀方案设计三等奖	青岛山东头改造工程 K-1-2 地块
118	2018 年	中国建筑学会	2017—2018 建筑设计奖住宅建筑专项奖三等奖	望京金茂府住宅
119	2019 年	北京市建筑设计研究院有限公司	优秀方案设计三等奖	北京城市副中心住房项目（0701 街区）概念性规划方案
120	2019 年	北京市建筑设计研究院有限公司	优秀方案设计三等奖	北京城市副中心职工周转房景观设计
121	2019 年	北京工程勘察设计行业协会	2019 年北京市优秀工程勘察设计奖工程勘察设计标准与标准设计（标准）专项奖一等奖	社区养老服务设施设计标准
122	2019 年	北京工程勘察设计行业协会	2019 年北京市优秀工程勘察设计奖住宅与住宅小区综合奖三等奖	廊坊新世界家园三区
123	2019 年	北京市建筑设计研究院有限公司	2019 年度 BIAD 优秀工程设计居住区规划及居住建筑二等奖	首开国风尚樾

序号	时间	颁奖单位	奖项	项目名称
124	2019 年	北京市建筑设计研究院有限公司	2020 年度 BIAD 优秀工程设计 居住区规划及居住建筑三等奖	廊坊京汉君庭
125	2020 年	北京市建筑设计研究院有限公司	优秀方案设计三等奖	北京城市副中心住房项目（0701 街区） B# 地块
126	2020 年	北京市建筑设计研究院有限公司	优秀方案设计三等奖	通州区张家湾镇村、立禅庵、唐小庄、施园、宽街及南许场村棚户区改造项目一片区建筑设计
127	2020 年	北京市建筑设计研究院有限公司	优秀方案设计三等奖	通州经济开发区西区南扩区三、五、六期棚户区改造安置房
128	2020 年	北京市建筑设计研究院有限公司	优秀方案设计三等奖	雄东 A 单元安置房及配套设施
129	2021 年	北京工程勘察设计协会	2021 年北京市优秀工程勘察设计奖 建筑工程设计综合奖（住宅与住宅小区）一等奖	北京城市副中心职工周转房（北区）项目
130	2021 年	北京工程勘察设计协会	2021 年北京市优秀工程勘察设计奖·政策性保障性住房设计单项奖 二等奖	北京城市副中心职工周转房（北区）项目
131	2021 年	北京工程勘察设计协会	2021 年北京市优秀工程勘察设计奖·装配式建筑专项奖 三等奖	北京城市副中心职工周转房（北区）项目
132	2021 年	北京工程勘察设计协会	2021 年北京市优秀工程勘察设计奖·住宅与住宅小区综合奖一等奖	首开国风尚樾
133	2021 年	北京市建筑设计研究院有限公司	优秀方案设计二等奖	昌平三合庄村集体租赁住房
134	2021 年	北京市建筑设计研究院有限公司	2021 年度 BIAD 优秀工程设计奖·公共建筑二等奖	北京市北海幼儿园城市副中心二分院（北京城市副中心职工周转房项目）
135	2021 年	北京市建筑设计研究院有限公司	2021 年度 BIAD 优秀工程设计奖·公共建筑二等奖	青岛市委党校多功能楼改造
136	2021 年	北京市建筑设计研究院有限公司	2021 年度 BIAD 优秀工程设计奖·公共建筑三等奖	黄城根小学（通州校区）（北京城市副中心职工周转房（北区）项目）
137	2021 年	北京市建筑设计研究院有限公司	2021 年度 BIAD 优秀工程设计奖 居住区规划及居住建筑一等奖	北投朗清园三区（北京城市副中心职工周转房项目）
138	2021 年	北京市建筑设计研究院有限公司	2021 年度 BIAD 优秀工程设计奖·景观专项设计奖	北投朗清园三区（北京城市副中心职工周转房项目）
139	2021 年	北京市建筑设计研究院有限公司	2021 年度 BIAD 优秀工程设计奖·装配式专项设计奖	北投朗清园三区（北京城市副中心职工周转房项目）
140	2021 年	北京市建筑设计研究院有限公司	2021 年度 BIAD 优秀工程设计奖·绿色建筑专项设计奖	北投朗清园三区（北京城市副中心职工周转房项目）
141	2021 年	北京市建筑设计研究院有限公司	2021 年度 BIAD 优秀工程设计奖·绿色建筑专项设计奖	北京市朝阳区来广营乡土地储备 B1-B3 组团居住及商业金融项目（B3 地块）

刘晓钟总建筑师获奖名录

序号	时间	颁奖单位	所获荣誉和奖项	项目名称
1	1996 年	中共北京市委城市建设工作委员会等	1995 年度北京市城建系统职业道德标兵	—
2	1996 年	北京市科学技术进步奖评审委员会	北京市科学技术进步奖二等奖	恩济里小区的环境与节地、节能的综合研究
3	1998 年	建设部	迈向二十一世纪的中国住宅 "九五" 住宅设计方案竞赛表扬奖 –ND155	ND155
4	1999 年	北京市建筑设计研究院	第五届 "金厦奖" 小区规划奖最佳奖	恩济里小区
5	2000 年	北京市人民政府	北京市先进工作者	—
6	2001 年	北京长地房地产开发建设有限责任公司	技术专家顾问	—
7	2001 年	国务院	发展我国 "科学研究" 事业做出贡献享受政府特殊津贴	—
8	2001 年	北京市人民政府等	北京市人民政府颁发 "北京市有突出贡献的科学、技术、管理专家"	—
9	2002 年	全国房屋建筑工程设计统一技术措施审查委员会	技术措施审查委员	—
10	2003 年	中华人民共和国建设部	建设部住宅建设与产业现代化技术专家委员会委员	—
11	2003 年	中国房地产及住宅研究会人居环境委员会	中国房地产及住宅研究会人居环境委员会专家	—
12	2004 年	中共北京市人民政府国有资产监督管理委员会	2004 年度优秀共产党员	—
13	2004 年	首度规划建设委员会办公室北京市规划委员会	科学技术进步三等奖	北京市长安街城市设计建筑艺术研究
14	2004 年	中国城市规划学会	中国城市规划学会 2004 年度杰出学会工作者	
15	2004 年	北京城市规划学会	北京城市规划学会先进工作者	
16	2004 年	北京建筑工程学院学位评定委员会	硕士学位研究生导师	
17	2004 年	银川市人民政府	银川市人民政府城市规划与建设顾问	—
18	2004 年	中国建筑学会建筑师分会	中国建筑学会建筑师分会人居环境专业委员会副主任委员	—
19	2005 年	中国勘察设计协会	2005 年度建设部部级城乡优秀勘察设计三等奖	颐源居三期住宅
20	2005 年	北京市规划委员会	北京市第十二届优秀工程设计项目二等奖	颐源居三期住宅

奖励证书

建设部城市住宅小区建设试点部级奖

奖励项目：北京恩济里小区
奖励等级：规划设计一等奖
受奖者：刘晓钟

中华人民共和国建设部

编号：950948

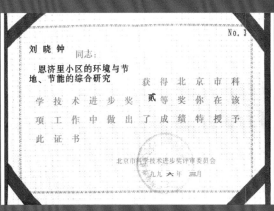

No. 3

刘晓钟 同志：

恩济里小区的环境与节地、节能的综合研究 获得北京市科学技术进步奖 贰 等奖你在该项工作中做出了成绩特授予此证书

北京市科学技术进步奖评审委员会

一九九六年 三月

證書

刘晓钟 在第二届中国建筑学会"建筑创作奖" 获奖项目 恩济里小区 工程中担任 小区第二主持人，组织特颁此证，以资鼓励。和领导设计小组完成规划、建筑设计、科研联合施工。

中国建筑学会

一九九六年十一月

刘晓钟 同志：

荣获 1995 年度北京市城建系统职业道德标兵称号。

中共北京市委城市建设工作委员会
北京市城乡规划委员会
北京市城乡建设委员会
北京市市政管理委员会
1996年3月

荣誉证书

刘晓钟 同志

被评为北京市优秀青年知识分子

特发此证

一九九八年九月

授予 刘晓钟同志

北京市先进工作者称号

二〇〇〇年五月

奖励证书

建设部城市住宅小区建设试点部级奖

奖励项目：大连市锦绣园
奖励等级：规划设计金牌奖
受奖者：刘晓钟

中华人民共和国建设部

二〇〇〇年 月 日

荣誉证书

刘晓钟 同志

被评为"北京市有突出贡献的科学、技术、管理专家"

特发此证。

二〇〇一年十一月

证书

刘晓钟 同志：

为了表彰您为发展我国 科学研究 事业做出的突出贡献，特决定发给您政府特殊津贴并颁发证书

国务院

政府特殊津贴第 (0099110061)号

二〇〇一年六月三日

金厦奖

城镇住宅小区规划
北京市优秀建筑工程设计

1995~1999

荣誉证书
HONOR CERTIFICATE

授予：

刘晓钟 同志

全国优秀科技工作者
荣誉称号

中国科学技术协会
二〇一〇年十二月

全国优秀科技工作者

全国优秀科技工作者

荣誉奖章

中国科学技术协会
二〇一〇年十二月

ARCHITECTURAL SOCIETY OF CHINA

一等奖
THE FIRST PRIZE

第 届中国建筑学会建筑师分会
人居委员会优秀项目奖

中国建筑学会
2015年9月

序号	时间	颁奖单位	所获荣誉和奖项	项目名称
21	2005 年	北京市建筑设计研究院	2005 年度院级科学技术二等奖	北京市居住区配套设施典型调查分析研究
22	2006 年	中国建设报·中国楼市	中国建设报·中国楼市专家咨询委员会委员	—
23	2006 年	中国房地产及住宅研究会 人居环境委员会	2005 年度中国人居环境突出贡献专家	—
24	2006 年	北京市建筑设计研究院	2006 年度院级优秀工程设计 （居住区规划及住宅）一等奖	远洋山水西区一期 1–7 号楼
25	2007 年	北京市规划委员会通州分局	特邀城市规划设计方案评审专家	—
26	2007 年	建设部科学技术委员会	第十六届中国城市住宅研讨会优秀论文奖	《新政策下北京中小套型住宅建筑标准研究》
27	2007 年	北京市规划委员会	北京市第十三届优秀工程设计二等奖	远洋山水西区一期 1–7 号楼
28	2007 年	北京市建筑设计研究院	2007 年度院级科学技术一等奖	《住宅中小户型研究：从节地性与舒适性 方面对节能省地型住宅的研究》
29	2007 年	建设部科学技术委员会	科学技术委员会第六届中国城市住宅研讨会 优秀论文奖	《新政策下北京中小套型住宅建设标准研究》
30	2008 年	北京市建筑设计研究院	2008 年度"BIAD 设计"杯优秀工程设计 （居住建筑）二等奖	银川湖畔家园住宅一期
31	2008 年	北京市建筑设计研究院	2008 年度"BIAD 设计"杯科学技术二等奖	《关于北京市〈商品住宅使用说明书〉 编制的研究》
32	2008 年	北京市建筑设计研究院	2008 年度"BIAD 设计"杯优秀工程设计 （居住建筑）二等奖	远洋山水小区三期 23–25 号楼
33	2008 年	北京市建筑设计研究院	2008 年度"BIAD 设计"杯优秀工程设计 （居住建筑）三等奖	天津华亭国际住宅区一期
34	2008 年	北京市建筑设计标准化办公室 华北地区建筑设计标准化办公室	建筑专家组顾问	—
35	2008 年	中国土木工程学会	中国土木工程学会住宅工程指导工作委员会 第二届委员会委员	—
36	2009 年	中国建设文化艺术协会	环境艺术专业委员会专家委员会会员	—
37	2009 年	中国建筑学会	第五届中国建筑学会建筑师分会理事	—
38	2009 年	中国勘察设计协会	二〇〇八年度全国优秀工程勘察设计行业奖评选 住宅与住宅小区二等奖	远洋山水西区一期 1~7 号楼
39	2009 年	北京市规划委员会	北京市第十四届优秀工程设计一等奖	国风北京—望京新城 A1 区 A、B 组团
40	2009 年	北京市规划委员会	北京市第十四届优秀工程设计三等奖	银川区直单位经济适用房——"湖畔嘉苑" 规划及一期单体
41	2009 年	北京市规划委员会	北京市第十四届优秀工程设计三等奖	远洋山水（西区）三期 23~25 号楼

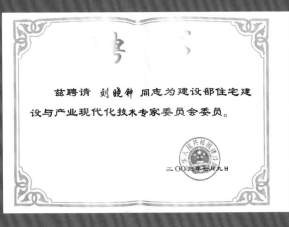

兹聘请 刘晓钟 同志为建设部住宅建设与产业现代化技术专家委员会委员。

二〇〇三年七月九日

刘晓钟 同志：

《富源商务公寓工程》荣获建设部首届全国绿色建筑创新奖三、等奖。为表彰您在工作中做出的贡献，特颁发此证，以资鼓励。

奖励类别：建筑工程（综合类）

证书编号：2005ZB10-3-01

刘晓钟同志：

中国勘察设计协会聘你为全国工程勘察设计行业奖评审专家。

特发此证。

二〇一三年六月

中国土木工程学会
住宅工程指导工作委员会文件

土住字[2012]03号

获奖通知

北京市建筑设计研究院：

"2012 中国土木工程詹天佑奖优秀住宅小区金奖"的评选工作历经申报、筛选、初评、核查并终经上级领导批准，你单位申报（参建）的"北京中海九号公馆 A-B 项目"荣获"2012 中国土木工程詹天佑奖优秀住宅小区金奖"，特表祝贺。

获奖工程技术交流大会正在筹备之中，会议具体时间、地点另行通知。

为确保获奖名称的准确以及做好获奖项目的宣传，请慎重核实获奖项目的准确名称及获奖单位（申报序中第四项：参加建设的主要单位）的准确名称（如有变更请在 6 月 23 日之前将加盖公章的变更名单传真至本会，逾期视为不变）。

为做好获奖项目的宣传、开展技术交流，我会将编辑出版获奖项目精品图集及技术交流资料，以供交流。

中国土木工程学会住宅工程指导工作委员会

2012年

北京市优秀工程勘察设计奖

Beijing Excellent Award of Engineering Investigation & Geotechnical Services

2013·中国房地产创新典范品牌推介活动
2013-China Real Estate Innovation Model of Brand Promotion Activities

中国房地产创新推动力设计师
China Real Estate Innovative and Motivated Designer

刘晓钟

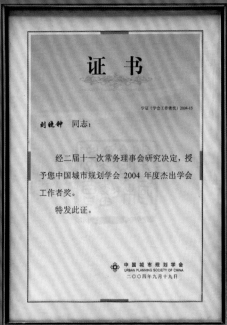

证 书

学证（学会工作者奖）2004-15

刘晓钟 同志：

经二届十一次常务理事会研究决定，授予您中国城市规划学会 2004 年度杰出学会工作者奖。

特发此证。

中国城市规划学会
URBAN PLANNING SOCIETY OF CHINA

二〇〇四年九月十九日

荣誉证书
20172010102-01

刘晓钟 同志：

你参加的"亚其金茂优家住宅"项目，在2017年"北京市优秀工程勘察设计奖"评选中获得，综合奖（居住建筑）一等奖。

特发此证，以资鼓励。

北京市勘察设计行业协会

荣誉证书
20172010105-01

刘晓钟 同志：

你参加的"哈尔滨永泰城住宅"项目，在2017年"北京市优秀工程勘察设计奖"评选中获得，综合奖（居住建筑）一等奖。

特发此证，以资鼓励。

北京市勘察设计行业协会

荣誉证书
20172010103-01

刘晓钟 同志：

你参加的"范满渡佳宅"项目，在2017年"北京市优秀工程勘察设计奖"评选中获得，综合奖（居住建筑）一等奖。

特发此证，以资鼓励。

北京市勘察设计行业协会

荣誉证书
20172010104-01

刘晓钟 同志：

你参加的"望京金茂府住宅"项目，在2017年"北京市优秀工程勘察设计奖"评选中获得，综合奖（居住建筑）一等奖。

特发此证，以资鼓励。

北京市勘察设计行业协会

奖 状
2021Z010105

刘晓钟 同志：

你参加的"首开国风海棠"项目，在2021年"北京市优秀工程勘察设计奖"评选中获得，住宅与住宅小区综合奖一等奖。

特发此证，以资鼓励。

北京工程勘察设计行业协会

奖 状
2021Z010105-1

刘晓钟 同志：

你参加的"首开国风海棠"项目，在 2021 年"北京市优秀工程勘察设计奖"评选中获得，住宅与住宅小区综合奖一等奖。

特发此证，以资鼓励。

北京工程勘察设计行业协会

荣誉证书
2019Z010309-01

刘晓钟 同志：

你参加的"扇纷新世界家园五区"项目，在2019年"北京市优秀工程勘察设计奖"评选中获得住宅与住宅小区综合奖三等奖。

特发此证，以资鼓励。

北京勘察设计行业协会

荣誉证书
2019SB020103-01

刘晓钟 同志：

你参加的"社区养老服务设施设计标准"项目，在2019年"北京市优秀工程勘察设计奖"评选中获得工程勘察设计标准与标准设计（标准）专项奖一等奖。

特发此证，以资鼓励。

北京勘察设计行业协会

序号	时间	颁奖单位	所获荣誉和奖项	项目名称
42	2009 年	北京市建筑设计研究院	2009 年度"BIAD 设计"杯优秀工程设计（居住建筑）一等奖	远洋公馆（林达嘉园 1 号住宅楼）
43	2009 年	北京市建筑设计研究院	2009 年度"BIAD 设计"杯科学技术三等奖	《北京市新城规划控制指标体系要就——建设宜居新城，促进土地集约利用》
44	2009 年	中国房地产研究会	第五届理事会理事	—
45	2010 年	中国科学技术协会	全国优秀科技工作者	—
46	2010 年	中共北京市建筑设计研究院委员会	在二〇一〇年度"创先争优"活动中，获"群众心目中的好党员"荣誉称号	—
47	2010 年	中国房地产研究会、中国房地产业协会	房地产业技术与政策专家委员会专家	—
48	2010 年	《中国建设报·中国住房》	专家咨询委员会委员	—
49	2010 年	中国勘察设计协会	2009 年度全国优秀工程勘察设计行业奖住宅与住宅小区三等奖	望京新城 A1 区 A、B 组团
50	2011 年	清华大学	《住区》杂志社编委	—
51	2011 年	中国城市科学研究会	住房政策和市场调控研究专业委员会专家	—
52	2011 年	中国建筑学会	中国建筑学会生态人居学术委员会委员	—
53	2012 年	北京市建筑设计研究院有限公司	2012 年度"BIAD 设计"杯优秀工程设计公共建筑类二等奖	德州市博物馆（合作）
54	2012 年	北京市人民政府	北京市科学技术奖三等奖	《北京市保障性住房规划建筑设计导则和指导性图集》
55	2012 年	中国勘察设计协会	全国工程勘察设计行业奖评审专家	—
56	2012 年	中国房地产研究会	住房保障和公共住房政策委员会专家委员	—
57	2013 年	北京土木建筑学会	第九届常务理事	—
58	2013 年	中国房地产研究会	第六届理事	—
59	2013 年	《中国建设报·中国住房》等	中国房地产创新推动力设计师	—
60	2013 年	北京市建筑设计研究院有限公司	2013 年度 BIAD 优秀工程居住区规划及居住建筑二等奖	河北三河新天地二期住宅
61	2013 年	中国勘察设计协会	全国优秀工程勘察设计行业奖建筑工程居住建筑一等奖	银亿·上上城（宁波）
62	2013 年	中国勘察设计协会	全国优秀工程勘察设计行业奖建筑工程居住建筑三等奖	银川华雁 香溪美地居住区规划
63	2013 年	中国勘察设计协会	全国优秀工程勘察设计行业奖建筑工程居住建筑三等奖	朝阳区东坝乡单店住宅小区二期

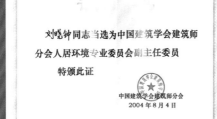

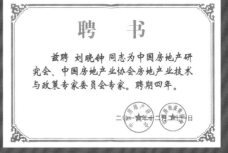

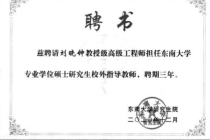

序号	时间	颁奖单位	所获荣誉和奖项	项目名称
64	2013 年	中国勘察设计协会	全国优秀工程勘察设计行业奖 建筑工程居住建筑三等奖	银丰花园（济南）
65	2013 年	北京市规划委员会	2012 年北京市第十七届优秀工程设计一等奖	朝阳区东坝乡单店住宅小区二期（首开常青藤）
66	2013 年	北京市规划委员会	2012 年北京市第十七届优秀工程设计二等奖	银川华雁·香溪美地居住区规划
67	2013 年	北京精瑞住宅科技基金会	2013 年第十届精瑞科学技术奖绿色人居优秀奖	兴龙香玺海
68	2014 年	北京城市科学研究会 北京城市规划学会	第四届"城市规划与城市设计专业委员会"委员	—
69	2014 年	北京市建筑设计研究院有限公司	BIAD 优秀项目经理	—
70	2014 年	北京市住房保障工作领导小组办公室	北京市住房保障决策咨询专家组成员	—
71	2015 年	北京工程勘察设计行业协会	第十八届优秀工程二等奖	朝阳区东坝乡单店住宅小区二期 （首开常青藤）人防工程
72	2015 年	北京工程勘察设计行业协会	第十八届优秀工程二等奖	青岛国际贸易中心
73	2015 年	北京工程勘察设计行业协会	第十八届优秀工程二等奖	远洋新悦住宅
74	2015 年	北京工程勘察设计行业协会	第十八届优秀工程三等奖	河北三河新天地二期住宅
75	2015 年	中国勘察设计协会	全国优秀工程勘察设计行业奖三等奖	远洋新悦住宅
76	2015 年	中国勘察设计协会	全国优秀工程勘察设计行业奖一等奖	青岛国际贸易中心
77	2017 年	北京工程勘察设计行业协会	北京市优秀工程勘察设计奖 综合奖（居住建筑）一等奖	哈尔滨永泰城住宅
78	2017 年	北京工程勘察设计行业协会	2017 年度北京市优秀工程勘察设计奖 综合奖（居住建筑）一等奖	花溪渡住宅
79	2017 年	北京工程勘察设计行业协会	2017 年度北京市优秀工程勘察设计奖 综合奖（居住建筑）一等奖	望京金茂府住宅
80	2017 年	北京工程勘察设计行业协会	2017 年度北京市优秀工程勘察设计奖 专项奖（人防工程）二等奖	望京金茂府住宅
81	2017 年	北京工程勘察设计行业协会	2017 年度北京市优秀工程勘察设计奖 综合奖（居住建筑）一等奖	亚奥金茂悦住宅
82	2017 年	中国勘察设计协会	2017 年度全国优秀工程勘察设计行业奖 优秀住宅与住宅小区三等奖	花溪渡住宅
83	2019 年	北京工程勘察设计行业协会	2019 年北京市优秀工程勘察设计奖·工程勘察设计标准与标准设计（标准）专项奖一等奖	社区养老服务设施设计标准
84	2019 年	北京工程勘察设计行业协会	2019 年北京市优秀工程勘察设计奖 住宅与住宅小区综合奖三等奖	廊坊新世界家园三区
85	2021 年	北京工程勘察设计协会	2021 年北京市优秀工程勘察设计奖 住宅与住宅小区综合奖一等奖	首开国风尚樾

工作室主要作品一览

序号	工程号	项目名称
1	2005	城建南苑
2	2005	大寨沟
3	2005	天津市西青区中北镇 C 地块华亭桂园
4	2005	聊城市纺织厂居住小区
5	2005	玉泉路绿地
6	2005	碧桂园
7	2005	永丰嘉园
8	2005	明光村
9	2005	唐山建设花园
10	2005	绿龙湾
11	2005	沙河控规
12	2005	广安门二热
13	2005	远洋三期
14	2005	远洋新干线
15	2005173	北京延秋园住宅小区（中海上湖）
16	2005175	天通中苑配套公建
17	2006	北京联合大学应用文理学院宿舍楼
18	2006	润泽
19	2006	夕照寺商务综合楼
20	2006	总参招待所扩建
21	2006	山西阳泉住宅项目
22	2006	农科院马连洼
23	2006 设前 037	棉花片商住楼设计（咨询）
24	2007	宁波银亿·上上城（咨询）

序号	工程号	项目名称
25	2007	通惠管庄二期
26	2007	中远北七家
27	2007	首开扬州蒋王片区
28	2007	永泰苏州姜堰
29	2007	新世界红领巾公园
30	2007	北辰长沙项目
31	2007	永泰常营
32	2007	永泰天津咸水沽
33	2007	永泰联合收割机厂
34	2007	华远金顶街
35	2007	华远西三旗
36	2007	西直门德宝二期
37	2007 设前 017	华远西安 1001 厂
38	2007031	金秋莱太大厦
39	2007059	首开常青藤
40	2007085	济南银丰花园
41	2007091	深航翡翠城
42	2007094	远洋万和城 A、B 区
43	2007161	呼和浩特巨华地产
44	2008	建设银行内蒙古自治区分行
45	2008	武夷花园三期
46	2008	崇文新南城中轴
47	2008	首开回龙观
48	2008	慈云寺京 A1、A2 区

序号	工程号	项目名称
49	2008 咨 054	银川湖畔家园
50	2008 咨 124	通州区潞城镇 TZ0505-21,23, 27,28,30~32,36~39,41~43 地块用地控规方案
51	2008 咨 199	北京市门头沟项目
52	2008012	天津湾 B3 地块住宅小区
53	2008054	银丰花园景观、绿化设计
54	2008083	昆明市江东和谐广场
55	2008122	朝阳区胜古北路盛达金盘
56	2008136	青岛国际贸易中心
57	2008256	远洋万和城 C 地块
58	2008257	天津滨海国际森林庄园
59	2009 咨 112	大兴黄村项目（咨询）
60	2009 咨 139	通州区 0505 街区用地控规调整论证
61	2009 咨 148	北京市房山区长阳镇起步区 1 号地
62	2009 咨 183	广渠路 15 号地铁连通体
63	2009 咨 189	北京市房山区长阳镇起步区 4、5 号地
64	2009 咨 219	北京小拖拉机厂改扩建
65	2009 咨 243	北京后沙峪项目
66	2009074	青岛市委党校综合楼
67	2009074	青岛市委党校学员综合楼
68	2009100	德州市博物馆
69	2009145	银川华雁·香溪美地
70	2009167	山东龙口府西小区
71	2009167	山东龙口府西小区景观设计
72	2009169	银川吉泰·艾依世家
73	2009221	天津尚清湾花园
74	2009228	中央纪委监察部信访办
75	2009228	中央纪委监察部信访办先农坛派出所
76	2009288	三河新天地

序号	工程号	项目名称
77	2010 咨 006	沈阳华强项目
78	2010 咨 254	北京小营项目
79	2010 咨 317	德阳市城际北站广场及周边地块规划设计
80	2010016	天津远洋万和城
81	2010021	鄂尔多斯额托克前旗上海庙别墅
82	2010027	北京未来科技城北区土沟村搬迁住宅小区
83	2010045	北小营商务综合楼（改造工程）
84	2010058	秦皇岛金梦海湾兴龙香玺海
85	2010087	中海·9 号公馆
86	2010094	鄂尔多斯东胜普泰乐活城
87	2010115	朝阳管庄乡塔营住宅
88	2010262	德州市商务中心
89	2010292	首开国风尚樾
90	2010317	顺义中铁花溪渡
91	2010343	北京房山高教园区公共租赁住房
92	2011 咨 031	济南市唐冶新区围子山西侧地块概念规划设计
93	2011 咨 049	农垦新城 XF10-D 地块
94	2011 咨 153	鄂尔多斯鄂托克前旗产业园起步区概念性规划
95	2011 咨 158	济南市西河项目
96	2011 咨 229	胶南市市民文化服务中心建筑方案征集
97	2011 咨 264	青岛市委党校校园建筑改造
98	2011 咨 265	青岛市委党校校园景观改造
99	2011 咨 315	永泰佳木斯项目
100	2011064	廊坊市新世界家园
101	2011093	辽宁省鞍山市 DH-2010-029 号地块（景观）
102	2011096	唐山丰润项目
103	2011104	昌平区未来科技城南区 （鲁疃村、北七家庄村、岭上村）定向安置房
104	2011151	银丰唐郡 1# 地块项目

序号	工程号	项目名称
105	2011155	通州区宋庄镇富豪组团 FH-02 地块用地
106	2011237	河北东丽大谈
107	2011261	鄂托克前旗敖勒召其镇住宅小区
108	2011317	鄂托克前旗敖勒召其镇居住小区景观设计
109	2011363	望京金茂府
110	2012 咨 001	顺义南法信 34-1 地块项目概念性设计
111	2012 咨 116	北京电影洗印录像技术厂项目控规调整
112	2012 咨 262	《远洋地产住宅核心筒模块化研究》外部咨询
113	2012 咨 325	北京化工大学西校区住宅
114	2012 咨 332	泛海国际中心（1# 地块）公寓概念方案
115	2012037	世茂府
116	2012037	世茂府景观设计
117	2012039	永泰·香福汇五号地
118	2012049	复地大同御东
119	2012207	廊坊行政中心
120	2012247	秦皇岛金梦海湾兴龙香玺海景观
121	2012303	内蒙古巨华德临美镇商业
122	2013 咨 096	中国国土资源航空物探遥感中心大院控规调整论证
123	2013 标 198	中关村东区南部改造建设
124	2013 咨 257	贵阳中信健康生态城
125	2013 咨 263	北京市朝阳北路星牌建材厂可行性研究及概念方案
126	2013 咨 300	金隅燕山 C 地块
127	2013 咨 409	新世界住宅标准化方案
128	2013 咨 431	中国国土资源航空物探遥感中心大院二号地控规调整论证
129	2013068	泛海国际休闲度假项目一期（AB 区）
130	2013155	马鞍山雨山湖
131	2013176	东坝中路红松园

序号	工程号	项目名称
132	2013188	海淀区学院路 31 号职工住宅
133	2013247	日本料理店建筑改造及室内精装修
134	2013345	国家新闻出版广电总局老旧小区综合整治改造
135	2013246	内蒙古巨华市医院商业
136	2013359	廊坊京汉君庭花园
137	2014 标 158	京昌路楔形绿地项目回迁安置房及幼儿园
138	2014 标 171	东城区永外望坛棚户区改造
139	2014 标 174	武汉江汉区贺家墩
140	2014 标 270	宁夏美术馆
141	2014 密 009	210 工程配套设施内装修
142	2014 咨 173	远洋地产住宅核心筒标准化设计外部咨询
143	2014 咨 207	曹雪芹西山故里文化景区概念设计
144	2014 咨 295	三亚南田伟奇温泉度假公寓
145	2014 咨 315	国家安全总局安置房项目控规调整论证
146	2014070	京汉君庭花园景观
147	2014114	香河京汉铂寓
148	2014118	朝阳区老旧小区公共设施整治专项工程农光里一区等 3 个小区
149	2014129	远洋万和公馆 8 号楼
150	2014163	山西省晋中·山水湾矿泉水厂区
151	2014199	远洋万和公馆 8 号楼景观设计
152	2014215	银丰·刘智远保障房项目
153	2014216	银丰刘智远项目景观示范区
154	2014220	京汉石景山
155	2014250	北小营商务综合楼景观
156	2014284	北京顺义国际学校校园保安升级改造工程
157	2014285	北京电影洗印录像技术厂北三环中路 40 号院危旧房改造

序号	工程号	项目名称
158	2014320	人大爱文学校景观
159	2014344	贺家墩 C 包项目 K2、K3 地块
160	2014349	三亚南田伟奇温泉度假公寓景观
161	2015 标 289	周口店镇住宅全区景观
162	2015 标 531	中化方兴丰台石榴庄地块
163	2015 咨 172	可穿戴计算产业加速园规划设计
164	2015 咨 207	搜宝 II 号项目可行性咨询
165	2015 咨 308	恒丰中心
166	2015138	东坝南区 1105-667 地块景观
167	2015196	海淀区颐源居小区大门
168	2015221	平乐园公共租赁住房
169	2015379	新闻出版广电总局老旧小区综合整治
170	2016 标 476	西双版纳旅游度假区二期城市设计
171	2016 咨 063	北京市大兴新城兴政街城市设计
172	2016 咨 121	绿岛苑住宅小区 6# 楼拿地概念方案及控规调整论证
173	2016 咨 173	青年路地块土地储备研究工作
174	2016 咨 197	远洋未来广场影院改造
175	2016 咨 216	大兴新城市场路城市设计
176	2016 咨 227	北京市大兴区供销合作社办公楼方案
177	2016 咨 256	崇礼雪森林公寓
178	2016 咨 264	北京市昌平区北七家镇沟自头村定向安置房
179	2016 咨 288	天津滨海新区 03-27 地块可行性研究
180	2016 咨 292	贺家墩 C 包项目 K6 地块规划设计
181	2016 咨 454	潘庄三期（北区）部级干部住房
182	2016019	东城区望坛棚户区改造
183	2016055	涞源易地扶贫安置房
184	2016150	西城区育德胡同 15 号院幼儿园抗震节能综合改造

序号	工程号	项目名称
185	2016157	远洋未来广场影院改造
186	2016192	北京电影洗印录像技术厂北三环中路 40 号院西侧办公楼改造
187	2016211	青岛市委党校多功能楼改造
188	2016230	青岛市委党校教学楼改造
189	2016247	檀州家园
190	2016297	北京市朝阳副食品总公司朝阳区酒仙桥路 52 号改造
191	2016347	强佑清河项目
192	2016339	北京中关村翠湖科技园国际教育科技加速器景观设计
193	2016382	山东头村整村改造
194	2017 标 401	后沙峪镇 SY00-0019-6001、6003 地块 R2 二类居住用地、6004 地块 B1 商业用地
195	2017 咨 040	石家庄市和平路景观综合提升规划
196	2017 咨 064	通州台湖 104、109 号地块设计监理
197	2017 咨 119	土地强排方案设计
198	2017 咨 216	石家庄市建筑风貌设计导则
199	2017 咨 463	丰台区规划和建筑设计典型
200	2017045	北京城市副中心职工周转房
201	2017054	北京市通州区潞城镇棚户区改造土地开发项目 BCD 区后北营西北角地块安置房
202	2017172	北京城市副中心职工周转房（北区）
203	2017227	山东头村整村改造工程 k-1-2 地块
204	2017288	藁城区西刘村旧村改造 1-2 号地块
205	2018 标 212	北京城市副中心职工周转房（一、二期）
206	2018 咨 013	密云区 0103 街区 B3 地块和大唐庄地块方案
207	2018 咨 095	霄云路项目可行性研究及概念设计

序号	工程号	项目名称
208	2018096	昌平区北七家镇沟自头村定向安置房
209	2018140	北京城市副中心职工周转房（南区）
210	2018142	海淀区西山锦绣府
211	2019 标 243	容东片区 F 组团安置房及配套项目概念方案和商业策划书公开征集
212	2019 标 379	聊城市新动能创业中心规划、建筑方案设计
213	2019 标 695	中直机关园博园职工住宅（保障房）
214	2019 咨 216	保定望都锦珑府
215	2019 咨 267	东城区望坛棚户区改造项目 13# 地块全过程设计监理
216	2019 咨 287	北京城市副中心住房项目（0701 街区）城市设计咨询
217	2019341	北京城市副中心住房项目（0701 街区）B# 地块
218	2020 标 248	青岛银丰·玖玺城商业商办地块
219	2020 咨 122	房山高教园区公共租赁住房项目锅炉房
220	2020 咨 309	昌平区创新基地 C-23、C-27-1 地块定向安置房用地优化调整及规划概念方案咨询
221	2020 咨 316	通州经济开发区西区南扩区三、五、六期棚户区改造安置房东片区
222	2020 咨 336	青岛银丰·玖玺城商业商办项目 K-5 地块
223	2020 咨 460	戴河公园博物馆建筑设计
224	2020 咨 461	戴河公园 164 亩地块规划及建筑设计
225	2020 咨 497	平乐园（北区）拟储备用地项目策划方案技术咨询
226	2020047	通州经济开发区西区南扩区三、五、六期棚户区改造安置房
227	2020052	雄东片区 A 单元安置房及配套设施
228	2020328	昌平区创新基地定向安置房
229	2020348	通州区张湾镇村、立禅庵、唐小庄、施园、宽街及南许场村棚户区改造

序号	工程号	项目名称
230	2021 标 148	昌平三合庄村集体租赁住房
231	2021 标 253	北京市怀柔区刘各长村棚户区改造土地开发 HR00-0101-0649、6200、6201、6202、6203 地块供地
232	2021 标 353	雄东片区 B 单元安置房项目勘察、设计
233	2021 标 534	淮安市金融中心商住区设计总包
234	2021 咨 068	青岛银丰·玖玺城商业商办 A-3 二期地块外立面方案
235	2021 咨 369	兴业诚园小区规划方案
236	2021 咨 518	北京市丰台区分钟寺回迁安置房 C09 地块
237	2021 咨 594	小红门乡国有单位宿舍安置房（西区）概念方案
238	2021214	兴业诚园小区 5# 楼
239	2021364	北京城市副中心住房项目（0701 街区）家园中心地块
240	2021379	金四区教工楼小区老旧小区综合整治
241	2022 咨 015	北京元亨利文化艺术中心
242	2022 咨 072	昌平创新基地 C-23、C-27-1 地块定向安置房技术服务
243	2022 咨 177	北京平谷国家农业科技园核心区及周边区域建筑风貌设计导则
244	2022 咨 380	石景山区城市更新领域重大项目谋划研究咨询服务
245	2022082	银岛商厦外立面改造工程
246	2022142	房山区京西棚户区改造安置房
247	2022272	北京市西城区百万庄大街 41 号装修工程
248	2022	平谷区峪口镇峪口村集体土地租赁住房

图书在版编目（CIP）数据

品宅：北京建院（BIAD）刘晓钟工作室作品与创作
理念 / 刘晓钟主编 . — 天津：天津大学出版社，2023.3
　（北京市建筑设计研究院有限公司刘晓钟工作室学术
丛书）
　ISBN 978-7-5618-7377-9

　Ⅰ . ①品… Ⅱ . ①刘… Ⅲ . ①建筑设计 – 作品集 – 中
国 – 现代 Ⅳ . ① TU206

　中国版本图书馆 CIP 数据核字 (2022) 第 254713 号

Pin Zhai：Beijing Jianyuan（BIAD）Liu Xiaozhong Gongzuoshi Zuopin Yu Chuangzuo Linian

策划编辑　金磊
图书组稿　韩振平工作室
责任编辑　朱玉红
装帧设计　董晨曦

出版发行　天津大学出版社
地　　址　天津市卫津路 92 号天津大学内（邮编：300072）
电　　话　发行部：022-27403647
网　　址　www.tjupress.com.cn
印　　刷　北京盛通印刷股份有限公司
经　　销　全国各地新华书店
开　　本　889mm×1194mm 1/12
印　　张　39
字　　数　681 千
版　　次　2023 年 3 月第 1 版
印　　次　2023 年 3 月第 1 次
定　　价　298.00 元

《北京市建筑设计研究院有限公司刘晓钟工作室学术丛书》编委会

主编单位	北京市建筑设计研究院有限公司刘晓钟工作室
承编单位	《中国建筑文化遗产》《建筑评论》编辑部
顾　　问	马国馨　徐全胜　张　宇
主　　编	刘晓钟
策　　划	金　磊　刘晓钟
副主编	吴　静　尚曦沐
编　　委	徐　浩　胡育梅　张　羽　郭　辉　王　晨　钟晓彤　王亚峰
	魏凤娇　齐珊珊　苗　淼　董晨曦　李　沉　朱有恒
编　　辑	苗　淼　董晨曦　李　沉　朱有恒　金维忻　林　娜　殷力欣
版式设计	董晨曦
封面设计	褚爽然　王　伟
建筑摄影	杨超英　李　沉　王祥东　万玉藻　张　羽　朱有恒
封面题字	全国工程勘察设计大师　何玉如

特别鸣谢所有合作单位、建设单位为本书提供资料支持